BIM建模及应用基础

主　编　吴　琳　王光炎

副主编　郑海旺　朱立斐　段修鹏　闫晨光

主　审　魏传志　李孝军

北京理工大学出版社
BEIJING INSTITUTE OF TECHNOLOGY PRESS

内 容 提 要

本书以《建筑工程平法施工图册》（第 2 版）（北京理工大学出版社）中的图书馆工程为案例，从 BIM 基础、建筑方案阶段建筑模型的建立、BIM 模型应用三方面，阐述 BIM 概念、Revit Architeure 建模过程、多阶段建筑生命周期中的 BIM 应用，使初学者快速掌握 BIM 基础、BIM 建模、BIM 应用的基础知识。

本书可作为高等院校土木工程相关专业 BIM 基础与应用课程及实训的教材，也可作为工程技术人员的参考用书。

版权专有　侵权必究

图书在版编目 (CIP) 数据

BIM 建模及应用基础 / 吴琳，王光炎主编 .—北京：北京理工大学出版社，2017.2
ISBN 978-7-5682-3494-8

Ⅰ . ① B… 　Ⅱ . ①吴… 　②王… 　Ⅲ . ①建筑设计 – 计算机辅助设计 – 应用软件 　Ⅳ . ① TU201.4

中国版本图书馆 CIP 数据核字 (2016) 第 320218 号

出版发行 / 北京理工大学出版社有限责任公司
社　　　址 / 北京市海淀区中关村南大街 5 号
邮　　　编 / 100081
电　　　话 / （010）68914775（总编室）
　　　　　　（010）82562903（教材售后服务热线）
　　　　　　（010）68948351（其他图书服务热线）
网　　　址 / http://www.bitpress.com.cn
经　　　销 / 全国各地新华书店
印　　　刷 / 北京紫瑞利印刷有限公司
开　　　本 / 787 毫米 ×1092 毫米　1/16
印　　　张 / 9　　　　　　　　　　　　　　　　　责任编辑 / 钟　博
字　　　数 / 180 千字　　　　　　　　　　　　　　文案编辑 / 瞿义勇
版　　　次 / 2017 年 2 月第 1 版　2017 年 2 月第 1 次印刷　责任校对 / 周瑞红
定　　　价 / 55.00 元　　　　　　　　　　　　　　责任印制 / 边心超

○ 前 言
::Preface

　　现代大型建设项目一般具有投资规模大、建设周期长、参建单位众多、项目功能要求高以及全寿命周期信息量大等特点，建设项目设计以及工程管理工作极具复杂性，传统的信息沟通和管理方式已远远不能满足要求。实践证明，信息错误传达或不完备是造成众多索赔与争议事件的根本原因，而 BIM 技术通过三维的共同工作平台以及三维的信息传递方式，可以为实现设计、施工一体化提供良好的技术平台和解决思路，为解决建设工程领域目前存在的协调性差、整体性不强等问题提供可能。同时随着 BIM 应用软件的不断完善，越来越多的项目参与方在关注和应用 BIM 技术。BIM 相关理论和技术不断发展，使用 BIM 技术进行设计和项目管理的涵盖范围和领域也越发广泛，其也将更加深远地影响建筑业的各方面。

　　本书以《建筑工程平法施工图册》（第 2 版）（北京理工大学出版社）中的图书馆工程为案例，从 BIM 基础、建筑方案阶段建筑模型的建立、BIM 模型应用三方面，阐述了 BIM 概念、Revit Architeure 建模过程、多阶段建筑生命周期中的 BIM 应用。

本书由吴琳、王光炎担任主编，由郑海旺、朱立斐、段修鹏、闫晨光担任副主编。全书由魏传志、李孝军主审。

由于编者水平有限，书中难免有不当或疏漏之处，恳请广大读者批评指正。

编　者

目录

Contents ::·

第三篇

模型应用举例

参考文献

CHAPTER

———

01

第 一 篇

BIM 与 Revit 基础

1.1 BIM 基础

1.1.1 BIM的产生

1. 行业的现状与问题

（1）产业结构的分散性。一个工程项目涉及多个独立的参与方，信息来自多个参与方，形成多个数据源，导致大量分布式异构工程数据难以交流，无法共享。

（2）信息交流手段落后。在工程项目设计、施工、管理过程中，相关数据主要采用估量统计、手工编制、人工报表、文档传递。各参与方之间的信息交流仍基于纸质或电子文档。这导致信息传递工作量大、效率低，建筑业专业应用软件中的"信息孤岛"，建筑生命期不同阶段之间的"信息断层"。

二维图形表达设计结果，传统的横道图和直方图表示施工进度计划与资源计划，这致使难以清晰地表达施工的动态变化过程；信息传输和交流时，易造成信息歧义、失真和错误。

（3）节能、环保和可持续发展面临严峻挑战。工程实施过程都是围绕"建造成本"的控制和管理，"建造成本"只是其生命周期总成本中的一部分（其他成本：运营成本、维护成本、拆除成本、重建成本等；整体价值：建设工程投入使用的运营利润，节能、节材、节地、环保以及可持续发展等方面的长远效益和整体价值）。这致使工程总成本得不到核算，长远效益和整体价值无从预测。耗能、环保或危及可持续发展等因素，导致项目负债运营、无效益，甚至被提前废弃。

（4）建设项目管理缺乏综合性的控制。管理的科学性、精确性相对落后已成为项目管理现代化的瓶颈，直接影响信息化应用效果和发展水平。

（5）英国《经济学家》（The Economist）杂志于2000年刊登的一篇文章：建筑行业存在着30%的浪费。美国国家标准技术研究所（NIST）2004年发表报告：建筑行业因软件数据交换问题每年损失158亿美元。英国政府商务办公室（UKOGC）2007年发表报告：通过持续推进项目集成，可节省建设项目成本的30%。

2. 解决思路

（1）从根本上解决建设项目生命周期各阶段以及应用系统之间的信息断层，实现全过程的工程信息集成和管理。

（2）研究新的信息模型理论和建模方法，基于3D几何模型建立面向建设项目生命周期的工程信息模型。2002年国外提出BIM的概念，它是继CAD技术之后行业信息化最重要的新技术，是有助于显著减少行业浪费的新技术。

1.1.2　BIM基本概念

BIM是首字母缩略词，可分为三个层次来理解，且三者之间互相联系。

1.　建筑信息模型（Building Information Model）

建筑信息模型是设施物理特征和功能特征的数字化表达，是项目相关方共享的知识资源，为项目全寿命周期内的所有决策提供可靠的信息支持。

2.　建筑信息模型应用（Building Information Modeling）

建筑信息模型应用是创建和利用项目数据在其全寿命周期内进行设计、施工和运营的业务过程，其允许所有项目相关方通过数据互用使不同技术平台在同一时间利用相同的信息。

3.　建筑信息管理（Building Information Management）

建筑信息管理是指利用数字原型信息支持项目全寿命周期信息共享的业务流程组织和控制过程。建筑信息管理的效益包括集中和可视化沟通、更早地进行多方案比较、可持续分析、高效设计、多专业集成、施工现场控制、竣工资料记录等。

BIM是在项目生命周期内生产和管理建筑数据的过程。BIM的宗旨是用数字信息为项目各个参与者提供各环节的"模拟和分析"。BIM的目标是实现进度、成本和质量的效率最大化。BIM的目标是为业主提供设计、施工、销售、运营等的专业化服务。BIM不是狭义的模型或建模技术，而是一种新的理念及相关的方法、技术、平台、软件等，如图1-1-1所示。

图1-1-1

1.1.3　BIM带来的好处

　　现代大型建设项目一般具有投资规模大、建设周期长、参建单位众多、项目功能要求高以及全寿命周期信息量大等特点，建设项目设计以及工程管理工作极具复杂性，传统的信息沟通和管理方式已远远不能满足要求。实践证明，信息传达错误或不完备是造成众多索赔与争议事件的根本原因，而BIM技术通过三维的共同工作平台以及三维的信息传递方式，可以为实现设计、施工一体化提供良好的技术平台和解决思路，为解决建设工程领域目前存在的协调性差、整体性不强等问题提供可能性，如图1-1-2所示。

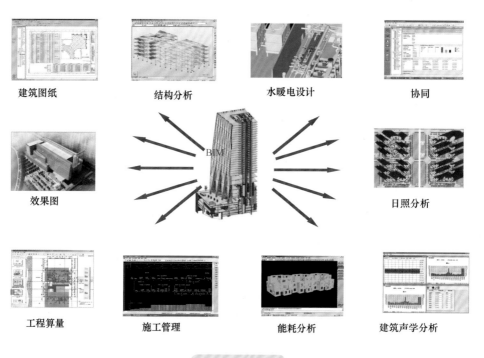

建筑图纸	结构分析	水暖电设计	协同
效果图			日照分析
工程算量	施工管理	能耗分析	建筑声学分析

图 1-1-2

∷ 名词解释

| 可视化 | 在BIM建筑信息模型中，整个过程都是可视化的，不仅可以用来进行效果图的展示及报表的生成，更重要的是，项目设计、建造、运营过程中的沟通、讨论、决策都在可视化的状态下进行。 |

模拟性　　　BIM建筑信息模型可以模拟不能够在真实世界中进行操作的事物。在设计阶段，BIM可以对设计上需要进行模拟的一些东西进行模拟试验；在招投标和施工阶段，BIM可以进行4D模拟，从而确定合理的施工方案来指导施工，同时还可以进行5D模拟，从而实现成本控制；在后期运营阶段，BIM可以对日常紧急情况的处理方式进行模拟，例如地震人员逃生模拟及消防人员疏散模拟等。

协调性　　　BIM建筑信息模型可在建筑物建造前期对各专业的碰撞问题进行协调，生成协调数据，如电梯井布置与其他设计布置及净空要求的协调、防火分区与其他设计布置的协调、地下排水布置与其他设计布置的协调等。

优化性　　　现代建筑物的复杂程度大多超过参与人员本身的能力极限，BIM模型提供了建筑物的实际存在的信息，包括几何信息、物理信息、规则信息，还提供了建筑物变化以后实际存在的信息。与其配套的各种优化工具提供了对复杂项目进行优化的可能。

可出图性　　　BIM通过对建筑物进行可视化展示、协调、模拟、优化，可以帮助业主绘出综合管线图（经过碰撞检查和设计修改，消除了相应错误以后）、综合结构留洞图（预埋套管图）、碰撞检查侦错报告和建议改进方案等。

第 1 篇　　第 2 篇　　第 3 篇

1. BIM技术的优点

设计：参数化设计；协同工作，碰撞检查，大幅消除错误；可视化设计，性能优化。

施工：可视化动态过程控制，减少变更，节约成本，缩短工期，无病移交。

运维：全寿命周期，变被动维修为主动维护。

与传统的项目管理模式相比，应用BIM技术的收获（2013年美国斯坦福大学CIFE中心的调查结论）如图1-1-3所示。

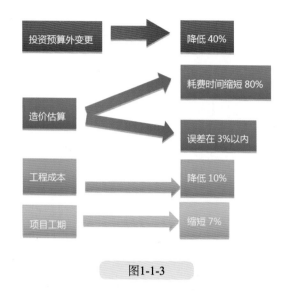

图1-1-3

2. BIM技术的作用

（1）降低成本、节能减排。

（2）全寿命周期的运营维护。

（3）加快工程进度。

（4）日趋复杂精细的建筑效果。

BIM相关文件如图1-1-4所示。

图 1-1-4

3. 企业自身发展的需要（向BIM要效益）

（1）满足政府/业主的要求。

（2）施工进度优化。

（3）减少错误，提升质量水平。

（4）降低成本，提升企业效益。

4. 具体应用价值

（1）BIM在决策工作中的价值。

1）容易决策：三维化的BIM模型，可让决策者很容易、很直观地评判建筑方案的外观、功能，提出方案调整意见和确定方案，降低决策沟通成本。

2）科学决策：BIM运用VR技术和模拟分析技术，在项目进行详细设计、施工之前，对环境、交通影响，公共安全，火灾、地震等灾害以及自然气候等进行定量、定性分析模拟，形成最佳方案，使决策依据充分，决策更为科学。

3）透明决策：BIM模型的可视化特点，使其很容易让非专业人士了解方案的特点和优劣，提升公众参与决策的热情，让公众了解决策的原因和依据，从而提升决策的透明度。

（2）BIM在设计工作中的价值。

1）质量高：基于BIM技术的设计软件，采用二、三维一体化设计技术，可以让人直观地看到设计三维效果，所见即所得，设计中的错误在设计过程中很容易被设计师发现并纠正，这使交付成果质量高。

2）效率高：基于BIM技术的设计软件，二、三维可同步设计，在完成一遍三维模型的同时，二维是三维的特殊视图，施工图可通过算法自动生成，无须多次绘制。设计过程中的一模多用的计算协同可显著提高设计工作效率。

3）易协调：三维设计使设计过程中的专业分工与合作沟通变得容易，让人很容易看到其他专业的设计变化以及各专业间的相互影响，沟通起来比较容易。

（3）BIM在成本控制工作中的价值。

1）精准度高：基于三维BIM模型的工程量计算、工程造价计算，每笔数据均来源清晰，计算过程透明，避免了多算和漏算，数据的精准度高。

2）易变更：发生设计变更时，很容易同步变更算量模型，及时获得变更前后的工程量和工程造价变化，容易实现变更对工程造价的影响分析，易于实现变更控制。

3）效率高：算量能够自动承接上游设计成果，减少算量建模时间，土建、钢筋共享建筑结构的模型，减少了数据录入时间、设备安装共享土建模型，可自动实现穿墙套管、绕梁调整等算量操作，大幅度提高了算量计价效率。

（4）BIM在施工工作中的价值。

1）节约时间：对照BIM模型进行施工，避免了在施工过程中因图纸错漏问题而停工、窝工所造成的时间损失。

2）减少浪费：利用提前经过设计深化和优化后的BIM模型，可以采用最佳施工技术方案，提高可施工性，减少不必要的返工和材料浪费。

3）易于沟通：对照BIM模型与实际施工成果，易于与业主、监理、造价咨询单位达成一致意见，便于进度工程量和进度成本计算，以及及时进行计量支付。

7

（5）BIM在教学中的价值。

1）专业基础知识教学：基于BIM技术软件的教学，结合了专业知识和当前国家及地方的标准规范，使专业知识的一般原理可以与最新的国家规范相结合，能够实现教学知识的同步更新。三维化和参数化的BIM模型也使学生易于理解和记忆专业基础知识。

2）跨专业综合能力培养：通过BIM大赛可令多专业学生扮演设计师、造价师、建造师协同完成一项建设工程的方案设计、施工图设计、工程量计算、工程造价计算、施工组织方案设计等工作，锻炼协同工作能力，以及各专业知识的运用能力。

3）动手实践能力培养：BIM实训使学生有大量机会在实际项目中进行BIM建模和各项建设相关工作的锻炼，可提高学生的动手能力，实现教学与社会应用的无缝衔接，让学生毕业后即可上岗工作，解决了应届毕业生培养周期长的难题。

名词解释

2D：传统二维图纸。

3D：BIM三维建模、模型碰撞检测/协调。

4D：BIM三维+施工进度模拟、优化。

5D：BIM三维+施工进度模拟+成本预算与核算。

6D：BIM三维+施工进度模拟+成本预算与核算+绿色建筑分析。

1.1.4 BIM的应用现状及前景

1. BIM的应用现状

当前，BIM技术在一定程度上提高了产值和工作效率。影响BIM推广的主要是环境问题，已有的建设行业各个环节的规则都是基于原来的技术和条件，在BIM模式下，原有的很多规则都会有不适用的地方，很多都需要重新制定，包括各方之间的利益关系，如图1-1-5、表1-1-1、图1-1-6所示。

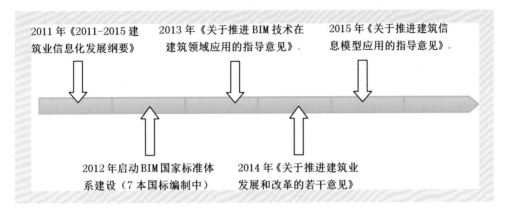

2011 年《2011-2015 建筑业信息化发展纲要》

2013 年《关于推进 BIM 技术在建筑领域应用的指导意见》

2015 年《关于推进建筑信息模型应用的指导意见》

2012 年启动BIM 国家标准体系建设（7 本国标编制中）

2014 年《关于推进建筑业发展和改革的若干意见》

图 1-1-5

表1-1-1

BIM 应用	解决的问题	应用价值
三维设计	(1) 实现对复杂建筑造型的设计精准表达； (2) 实现对特殊构造（如钢结构和幕墙）的设计描述； (3) 避免二维设计考虑不周的设计疏漏； (4) 避免二维设计描述不清所带来的理解偏差	(1) 提高设计成果质量； (2) 降低设计错误所带来的工期增加和成本增加风险； (3) 二、三维一体化设计兼顾平面出图
建筑性能分析	(1) 结构力学分析； (2) 节能分析； (3) 绿色建筑的风光声热定性、定量分析数据，便于性能评价	(1) 提升建筑安全性； (2) 提高建筑质量和使用质量（舒适度）； (3) 减少建筑能耗产生的使用成本
施工图设计	(1) 通过三维模型直接生成平、立、剖施工图； (2) 避免设计变更带来的图纸不一致问题	(1) 节约施工图设计时间； (2) 将复杂工作与简单工作分解，由不同技能人员承担，节约设计成本
方案论证	(1) 以虚拟现实或者三维动画多媒体的方式直观可视地表达出方案意图，提供定性、定量分析数据，便于充分论证决策； (2) 直观对比分析方案的优劣，为非专业人员参与决策提供支持	(1) 节约沟通时间； (2) 节约沟通成本； (3) 降低沟通不够充分带来的决策风险
碰撞检测	(1) 发现建筑结构标高、位置不一致，结构冲突错误； (2) 发现结构与设备管线的碰撞冲突问题	提高设计成果质量

BIM 应用	解决的问题	应用价值
管线综合	(1) 综合解决各专业工程技术管线布置及其相互间的矛盾,从全面出发,使各种管线布置合理、经济; (2) 根据各种管线的介质、特点和不同的要求,合理安排各种管线敷设顺序	(1) 节约专业协调时间; (2) 降低专业协调成本
设计优化	(1) 结构优化,在满足抗震条件等约束下,减少钢筋用量; (2) 管线布局安装方式优化,在既定空间约束下,减少管线交叉和弯绕,合理确定布置方式	(1) 节约材料; (2) 节约建筑净空成本
深化设计	(1) 确定结构的预留孔洞; (2) 详细确定管线的安装高度、水平位置,最佳绕过碰撞的方式	(1) 节约建筑净空高度; (2) 寻找最佳施工方式; (3) 节约施工材料
技术交底	(1) 三维施工方案讨论,让施工人员充分理解方案,按既定方案施工,使施工成果与设计目标一致; (2) 施工重点、难点、节点分析,减少复杂节点可施工性带来的施工技术风险	(1) 提高施工质量; (2) 减少施工过程中的沟通时间,节约施工时间; (3) 降低施工过程停工、窝工、返工的风险; (4) 提高施工安全
下料计算	(1) 确定建筑材料的下料形状、尺寸以及数量; (2) 确定材料的排布位置(如复杂造型的屋面、幕墙的表面材料)	(1) 避免材料浪费; (2) 缩短施工时间
成本控制	(1) 快速准确地计算工程量及造价,用于招标控制价的编制; (2) 快速准确地计算进度工程量及造价,以便于完成进度款的计量支付; (3) 快速准确地计算变更工程量,以便于实现变更造价影响分析	(1) 节省工程量计算时间; (2) 提高造价计算成果质量; (3) 降低成本控制风险
进度控制	(1) 编制直观的 4D 合理的进度计划; (2) 实施实际进度与计划进度对比,以便于分析进度偏差	(1) 提高进度控制质量; (2) 降低进度控制风险
精细化管理	(1) 实现企业内部对项目成本、进度、质量、安全、风险等管理目标的细化和落实; (2) 实现项目全过程、节点管理透明化、直观化; (3) 便于实现管理目标偏差分析	(1) 降低企业内部总体管理成本; (2) 提高企业内部管理质量; (3) 提高企业内部管理效率

续表

BIM 应用	解决的问题	应用价值
物业设备设施管理	(1) 直观反映建筑物内的设备设施； (2) 方便管理设备设施搬移位置记录； (3) 便于设备设施资产维护	(1) 提高资产管理效率； (2) 提高资产管理质量； (3) 降低资产损耗风险
运维管理	(1) 方便查询建筑物损坏构件的设计资料，施工资料，设备材料供应商和产地、质量、品牌型号等资料； (2) 便于确定维修方案，避免维修时对正常建筑的损坏	(1) 便于建筑及时得到维护和保修； (2) 节省维护时间； (3) 降低维护风险
安全及反恐	(1) BIM 模型与监控设施配合使用，全面清晰掌控建筑的所有位置信息； (2) 利用 BIM 模型进行疏散分析并形成最佳疏散方案，提高业主的疏散意识； (3) 利用 BIM 模型确定恐怖人员、人质、狙击手的位置，以便于确定最佳营救方案	(1) 提高建筑使用安全性； (2) 提高反恐决策效率
教育教学	(1) 便于直观教授建筑构造专业知识； (2) 方便理解建筑构件关系； (3) 方便学习和理解建筑工艺和施工过程； (4) 实现建筑理论与工程实践相结合	(1) 提高教学的知识性、趣味性、直观性； (2) 加深学习印象，便于理解和记忆； (3) 增强实践能力

❑ 国内BIM应用情况

设计阶段
- 珠海歌剧院
- 外滩SOHO
- 凤凰国际传媒中心

施工阶段
- 北京英特宜家购物中心
- 广州东塔施工总承包管理
- 邢汾高速公路4D建设管理

运维阶段
- 昆明新机场航站楼运维管理
- 嘉里广场工程机电智能管理

综合应用
- 上海中心大厦
- 上海国际金融中心
- 达嘎拉隧道工程

 35.7%从房建向基础设施领域拓展

 39.6%从地标性项目向普通项目应用延伸

 60.7%从单一BIM软件向多软件集成应用发展

 59.7%从设计向施工阶段应用延伸

※ 来自《中国施工行业信息化发展报告(2015)——BIM深度应用与发展》

图 1-1-6

2．BIM的应用前景

（1）BIM在未来工程中的可预见性。BIM理念的直观感受使越来越多的甲方在招标文件中明确指出，需要乙方具备Revit等BIM软件的设计能力。由于工程的需要，越来越多的设计单位、施工单位涉及BIM技术领域。

（2）BIM在工程中的优越性。BIM等同于在工程开始之前设计师就在电脑上将整栋建筑建成，让设计师在办公室就可以直观、准确、全面地了解现场情况，提高了工作效率，避免了CAD制图工程师对现场情况不了解的问题，并且在一定程度上减少了工程中组织协调的工作量。

（3）BIM在工程中的可行性。

1）BIM初期电脑硬件方面的问题已经得到解决，如今普通配置的电脑已经能够胜任BIM软件操作。

2）BIM软件日趋成熟，能够胜任结构、建筑、机电各个领域的制图工作。

3）BIM软件在完善的同时缩短了制图时间，且其具有极低的容错率。

4）阻碍BIM发展的最主要因素就是大部分企业对BIM还不够了解，但是已经有相当一部分企业接受了BIM，BIM应用的时代已经到来。

1.2 Revit Architecture 介绍

1．Revit软件

Revit是Autodesk公司一套系列软件的名称。Revit系列软件是专为建筑信息模型（BIM）构建的，可帮助建筑设计师设计、建造和维护质量更好、能效更高的建筑。Autodesk Revit作为一种应用程序，结合了Autodesk Revit Architecture、Autodesk Revit MEP和Autodesk Revit Structure软件的功能。

2．软件编辑

Autodesk Revit提供支持建筑设计、MEP机电工程设计和结构工程设计的工具。

（1）Architecture：建筑设计。Autodesk Revit软件可以按照建筑师和设计师的思考方式进行设计，因此，其可以提供更高质量、更加精确的建筑设计。通过使用专为支持建筑信息模型工作流而构建的工具，其可以获取并分析概念，并可通过设计、文档和建筑保持用户的视野。强大的建筑设计工具可帮助用户捕捉和分析概念，以及保持从设计到建筑的各个阶段的一致性。

（2）MEP：机电工程设计。Autodesk Revit向暖通、电气和给排水（MEP）工程师提供工具，可以设计最复杂的建筑系统。Revit支持建筑便利店建模（BIM），可帮助导出更高效的建筑系统。信息丰富的模型在整个建筑生命周期中支持建筑系统，为暖通、电气和给排水（MEP）工程师构建的工具可帮助用户设计和分析高效的建筑系统以及为这些系统编档。

（3）Structure：结构工程设计。Autodesk Revit软件为结构工程师和设计师提供了工具，可以更加精确地设计和建造高效的建筑结构。为支持建筑信息建模（BIM）而构建的Revit可帮助用户使用智能模型，通过模拟和分析深入了解项目，并在施工前预测性能。使用智能模型中固有的坐标和一致信息，可提高文档设计的精确度。专为结构工程师构建的工具可帮助用户更加精确地设计和建筑高效的建筑结构。

3. 特性编辑

BIM支持建筑师在施工前更好地预测竣工后的建筑，使他们在日益复杂的商业环境中保持竞争优势。BIM能够帮助建筑师减少错误和浪费，以此提高利润和客户满意度，进而创建可持续性更高的精确设计。BIM能够优化团队协作，其支持建筑师与工程师、承包商、建造人员与业主更加清晰、可靠地沟通设计意图。Autodesk Revit Architecture软件专为建筑信息模型（BIM）而构建。BIM是以从设计、施工到运营的协调，可靠的项目信息为基础而构建的集成流程。通过采用BIM，建筑公司可以在整个流程中使用一致的信息来设计和绘制创新项目，并且还可以通过精确实现建筑外观的可视化来进行更好地沟通、模拟真实性能，以便让项目各方了解成本、工期与环境影响。

建筑行业中的竞争极为激烈，需要采用独特的技术来充分发挥专业人员的技能和丰富经验。Autodesk Revit Architecture消除了很多庞杂的任务。Autodesk Revit Architecture软件能够帮助人们在项目设计流程前期探究最新颖的设计概念和外观，并能在整个施工文档中忠实传达建筑师的设计理念。Autodesk Revit Architecture面向建筑信息模型（BIM）而构建，支持可持续设计、碰撞检测、施工规划和建造，同时帮助建筑师与工程师、承包商与业主更好地沟通协作。设计过程中的所有变更都会在相关设计与文档中自动更新，从而实现了更加协调一致的流程，人们可获得更加可靠的设计文档。

Autodesk Revit Architecture全面创新的概念设计功能带来了易用工具，能进行自由形状建模和参数化设计，并且还能够对早期设计进行分析。借助这些功能，可以自由绘制草图，快速创建三维形状，交互地处理各个形状；可以利用内置的工具进行复杂形状

13

的概念澄清，为建造和施工准备模型。随着设计的持续推进，Autodesk Revit Architecture 能够围绕最复杂的形状自动构建参数化框架，提供更高的创建控制能力、精确性和灵活性，从概念模型到施工文档的整个设计流程都在一个直观环境中完成。

4. 样板编辑

项目样板文件在实际设计过程中有非常重要的作用，其统一的标准设置为设计提供了便利，在满足设计标准的同时大大提高了设计师的效率。项目样板提供项目的初始状态。每一个Revit软件中都提供几个默认的样板文件，用户也可以创建自己的样板。基于样板的任意新项目均继承自样板的所有族、设置（如单位、填充样式、线样式、线宽和视图比例）以及几何图形。样板文件是一个系统性文件，其中的很多内容来源于设计中的积累。

Revit样板文件以".Rte"为扩展名。使用合适的样板有助于快速开展项目。国内比较通用的Revit样板文件，如Revit中国本地化样板，有集合国家规范化标准和常用族等优势。

5. 族库编辑

Revit族库就是把大量Revit族按照特性、参数等属性分类归档而成的数据库。相关行业企业或组织随着项目的开展和深入，都会积累一套自己独有的族库。在以后的工作中，可直接调用族库数据，并根据实际情况修改参数，这样可提高工作效率。Revit族库可以说是一种无形的知识生产力。族库的质量，是相关行业企业或组织的核心竞争力的一种体现，如图1-2-1所示。

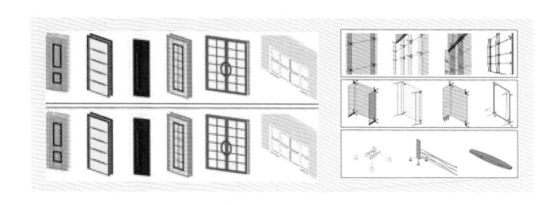

图 1-2-1

6. 核心特性编辑

（1）参数化构件：参数化构件（亦称族）是在Revit中设计使用的所有建筑构件的基础，它提供了一个开放的图形式系统，能够自由地构思设计、创建外形，并以逐步细化的方式来表达设计意图。可以使用参数化构件创建最复杂的组件（如细木家具和设备），以及最基础的建筑构件（如墙和柱）。

（2）双向关联：任何一处变更，所有相关内容随之自动变更。在Revit中，所有模型信息都存储在一个位置，因此，任何信息的变更都可以有效地传播到整个Revit模型中。

（3）Revit Server：Revit Server能够帮助不同地点的项目团队通过广域网（WAN）更加轻松地协作处理共享的Revit模型。此Revit特性可从当地服务器访问的单个服务器上维护统一的中央Revit模型集。内置的冗余性可在WAN连接丢失时提供保护。

（4）工作共享：工作共享特性可使整个项目团队获得参数化建筑建模环境的强大性能，许多用户都可以共享同一智能建筑信息模型，并将他们的工作保存到一个中央文件中。

（5）Vault集成：其指Autodesk Vault Collaboration AEC软件与Revit配合使用。这种集成可帮助简化与建筑、工程和跨行业项目关联的数据管理（从规划到设计和建筑），它可以帮助节省时间和提高数据的精确度。

7. 设计特性编辑

（1）多材质建模：Autodesk Revit Architecture和Autodesk Revit Structure包含许多建筑材料，如钢、现浇混凝土、预制混凝土、砖和木材等。

（2）设计可视化：Mental Ray可捕捉照片级真实状态的设计创意。Mental Ray易于使用，能够生成高质量的渲染效果图，并且用时更短。

8. 文档编制编辑

Revit可从行业主流格式（如DWG、DXF、DGN和IFC）导入、导出及链接数据，因此，其可以更加轻松地处理来自顾问、客户或承包商的数据。

9. 图元基本知识

（1）模型图元：其表示建筑的实际三维几何图形，它们显示在模型的相关视图中，如墙、窗、门和屋顶都是模型图元。

（2）基准图元：其可帮助定义项目上、下文，如轴网、标高和参照平面都是基准图元。

（3）视图专有图元：其只显示在放置这些图元的视图中，它们可帮助对模型进行描述或归档，如尺寸标注、标记和二维详图构件都是视图专有图元。

（4）主体（或主体图元）：其通常在构造场地在位构建，墙和屋顶是主体示例。

（5）模型构件：其是建筑模型中其他所有类型的图元，如窗、门和橱柜都是模型构件。

（6）注释图元：其是对模型进行归档并在图纸上保持比例的二维构件，如尺寸标注、标记和注释记号都是注释图元。

（7）详图：其是在特定视图中提供有关建筑模型详细信息的二维项，包括详图线、填充区域和二维详图构件。

（8）类别：其是用来对建筑设计建模或归档的一组图元。

（9）族：其是某一类别中图元的类，即根据参数（属性）集的共用情况、使用和图形表示方面的相似性对图元进行分组。

（10）类型：其是特定尺寸的族。

（11）实例：其是放置在项目中的实际项（单个图元），在建筑（模型实例）或图纸（注释实例）中有特定的位置。

图元的基框架结构如图1-2-2所示。

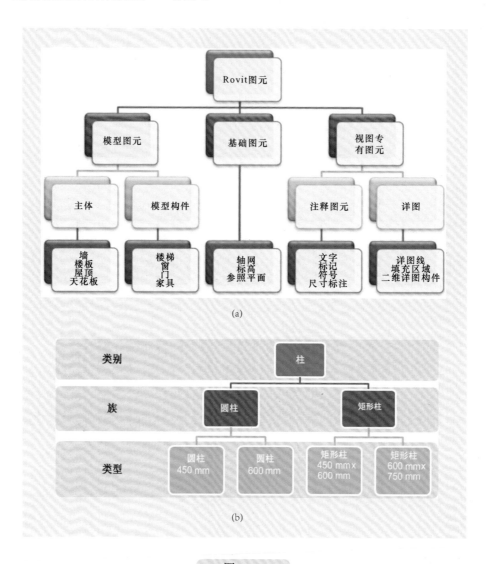

(a)

(b)

图 1-2-2

CHAPTER

02

第 二 篇

方案设计阶段建筑专业的建筑基础模型设计

标高和轴网是建筑设计中的重要定位信息。标高用来定义楼层层高及生成平面视图，反映建筑物构件在竖向的定位情况，但标高不一定要作为楼层层高；轴网用来定义构件的定位。轴网编号以及标高符号样式均可自定义。

在Revit Architecture中设计项目，有两种方法完成项目。第一，可从标高和轴网开始，根据标高和轴网信息创建模型构件；第二，可以先建立概念体量模型，再根据概念体量生成各模型构件，最后再添加轴网等注释信息，完成整个项目。

在Revit Architecture中创建模型时，应遵循"从整体到局部"的原则，从整体出发，逐步细化，不需要过多地考虑与出图相关的内容，而是在全部创建完成后，再完成图纸工作。

2.1 新建项目

（1）在Revit Architecture中开始建模前，应该先对项目的层高和标高信息作出整体规划。

（2）运行Revit Architecture软件，单击"项目"列表中"新建"选项，自动弹出"新建项目"对话框，选择"样板文件"列表中的"构造样板"，如图2-1-1所示。

2.2 创建、编辑标高

2.2.1 创建标高

（1）默认将打开1F楼层平面视图。切换至"管理"选项，单击"设置"面板中的"项目单位"工具，打开"项目单位"对话框，如图2-2-1所示，项目中"长度"单位为mm，"面积"单位为m^2。

图 2-1-1   图 2-2-1

（2）在项目浏览器中展开"视图（全部）""立面（建筑立面）"项，双击进入南立面视图，如图2-2-2所示。切换至南立面视图中，显示项目样板中设置的默认标高为1F与2F。

（3）单击选择"2F"标高，这时在1F与2F之间会显示一条蓝色临时尺寸标注，并且标高标头名称及标高值也都会变成蓝色显示（蓝色显示的文字、标注等单击可编辑修改）。

（4）在蓝色的临时尺寸标注值上激活文本框，输入新的层高值4 500后按Enter键确认，将1F与2F之间的层高修改为4.5 m，如图2-2-3所示。

图 2-2-2

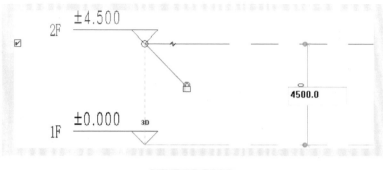

图 2-2-3

（5）选择"常用"选项卡>"基准"面板>"标高"命令，移动光标到2F标高左侧标头上方，当出现绿色标头对齐虚线时，单击鼠标左键捕捉标高点。

【注意】因为项目分为1区和2区，教学楼区域和图书馆区域标高不同，所以要在南立面两侧创建不同的标高。

（6）先创建1区的标高。从左往右移动光标到2F右侧的标头上方，当出现绿色标头对齐虚线时，单击鼠标左键捕捉标高终点，如图2-2-4所示。创建标高3F（1区）、4F（1区）、屋面层1（1区）、屋面层2（1区），绘制标高期间不必考虑标高尺寸，绘制完成后可用与2F相同的方法调整其间隔，使间距为4.5 m。再创建标高屋面层3（1区），使间距为1.2 m。

【注意】1. Revit Architecture将会按上次绘制的标高名称编号累加1的方式自动命名新建标高。

2. 若要调整一个标高的尺寸，应单击激活该标高然后再进行修改，否则会误将其他标高的尺寸修改，如图2-2-5所示。

（7）利用"修改"面板>"复制"命令，创建室外地坪标高。选择标高1F后选择"修改"面板>"复制"命令，在选项栏勾选多重复选项"约束"和"多个"，如图2-2-6所示。

（8）移动光标，在标高1F上单击，捕捉一点作为复制参考点，然后垂直向下移动光标，输入间距600，按Enter键确认，如图2-2-7所示。

（9）创建2区的标高。利用"修改"面板>"阵列"命令，创建3F（2区）、4F（2区）、5F（2区）、6F（2区）的标高。选择标高2F后选择"修改"面板>"阵列"命令，在选项栏勾选"成组并关联"选项，输入项目数5，在"移动到"选项栏中勾选"第二个"，不勾选"约束"这个选项，如图2-2-8所示。移动光标，在标高2F上单击，捕捉一点作为复制参考点，然后垂直向上移动光标，输入间距3 600，按Enter键确认，如图2-2-9所示。

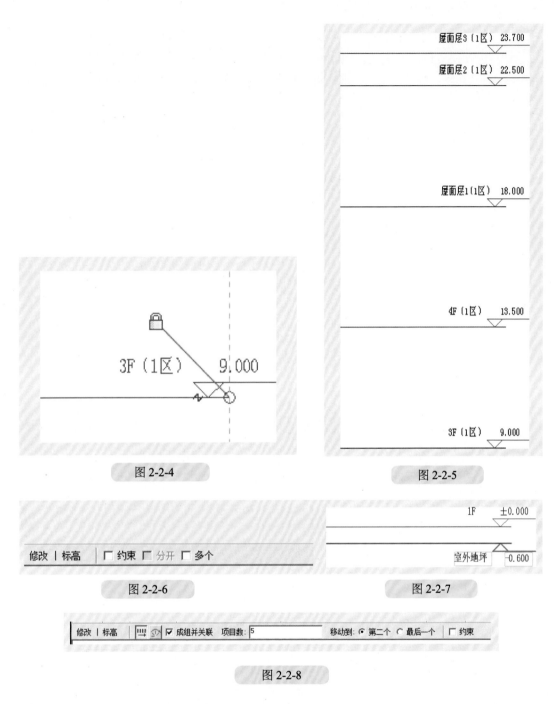

图 2-2-4

图 2-2-5

图 2-2-6

图 2-2-7

图 2-2-8

【注意】阵列项目数的选择是包括阵列对象本身的。若要阵列四个轴线，第一条轴线已经算在项目数里面了，所以，在选择项目数的时候输入5即可。

（10）以同样的方法，利用"修改"面板＞"复制"命令，创建屋面层1（2区）、屋面层2（2区），如图2-2-10所示。

（11）至此建筑的各个标高均创建完成，保存文件。适当缩放视图，完成后，标高如图2-2-11所示。

　　第一次保存项目时，Revit Architecture会弹出"另存为"对话框。保存项目后，再单击"保存"按钮，将直接以原文件名称和路径保存文件。保存文件时，Revit Architecture默认为用户自动保存三个备份文件，以方便用户找回保存前的项目状态。

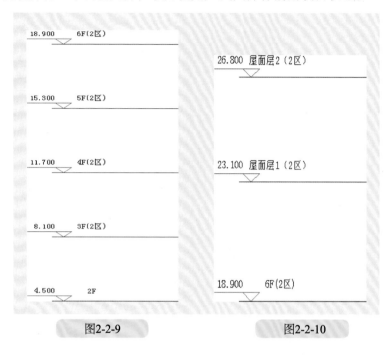

图2-2-9　　　　　　　　　　　　图2-2-10

图 2-2-11

保存项目时，可以设置备份文件的数量。在"另存为"对话框中单击右下角的"选项"按钮，系统弹出"文件保存选项"对话框，如图2-2-12所示，修改"最大备份数"，设置允许Revit Architecture保留的历史版本数量。当保存次数达到设置的"最大备份数"时，Revit Architecture将自动删除最早的备份文件。

图 2-2-12

2.2.2 修改标高

在Revit Architecture中，标高实际是在空间高度方向上相互平行的一组平面。Revit Architecture会在立面视图、剖面视图等视图类别中显示标高的投影。因此，仅在一个立面视图中绘制和修改标高，其他立面视图、剖面视图会自动修改标高的信息。

（1）单击选择任意标高，打开"类型属性"对话框，单击"线宽"参数列表，设置"线宽"值为1，单击"颜色"参数后的颜色按钮，弹出"颜色"对话框，在该对话框中选择"黑色"，单击"线型图案"参数列表，在列表中选择"三个一组的虚线"，设置结果如图2-2-13所示。这些参数将影响标高在立面投影中线型的样式。设置完成后，单击"确定"按钮退出"类型属性"对话框，注意此时视图中标高线型的变化。

（2）适当平移视图，显示标高左侧端点。选择任意标高，打开"类型属性"对话框。如图2-2-14所示，不勾选类型参数中的"端点1处的默认符号"选项，完成后单击"确定"按钮，退出"类型属性"对话框。注意在南立面视图中标高左侧端点处是否与右侧端点处的标头相同。

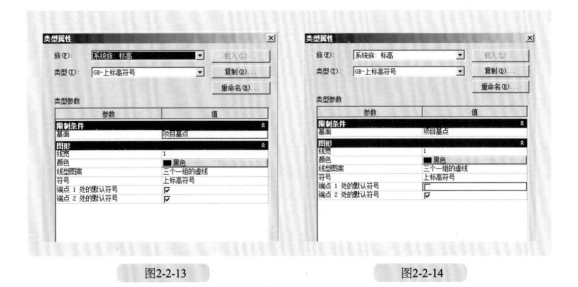

图2-2-13   图2-2-14

（3）在南立面视图中选择"3F（2区）"，如图2-2-15所示，取消勾选标头左侧的"隐藏符号"复选框，可以隐藏所选标高的左侧标头符号。再次单击选择复选框，可以重新显示被隐藏的标头。

（4）确认"3F（2区）"处于选择状态，Revit Architecture会自动在端点对齐标高，并显示对齐锁定标记🔒。如图2-2-16所示，移动鼠标指针至"3F（2区）"端点位置，按住并左、右拖动鼠标，将同时修改已对齐端点的所有标高。单击"对齐锁定"符号🔒，解除端点对齐锁定，Revit Architecture显示为🔓，按住并左、右拖动"3F（2区）"端点，可单独拖拽修改"3F（2区）"端点位置，而不影响其他标高。其他位置的标高同理。

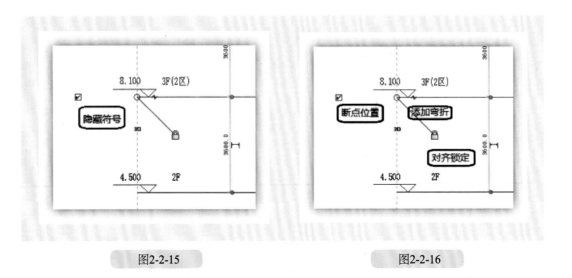

图2-2-15   图2-2-16

（5）单击拾取标高"室外地坪"，从"类型选择器"下拉列表中选择"标高：GB-下标高符号"类型，标头自动向下翻转方向，如图2-2-17所示。

（6）选择"3F（2区）"，单击标头右侧的"添加弯头"符号，Revit Architecture将为所选标高添加弯头。添加弯头后，Revit Architecture允许用户分别拖动标高弯头的操作夹点，修改标头的位置，如图2-2-18所示。当两个操作夹点重合时，Revit Architecture会恢复默认标高标头位置。

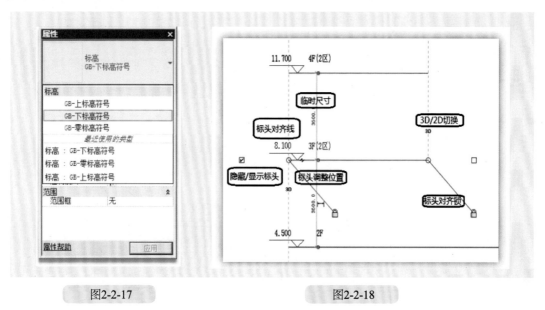

图2-2-17   图2-2-18

（7）其他标高编辑方法：选择任意一根标高线，会显示临时尺寸、一些控制符号和复选框，如图2-2-19所示，可以编辑其尺寸值，单击并拖拽控制符号，可整体或单独调整标高标头位置、控制标头隐藏或显示、偏移标头等操作。

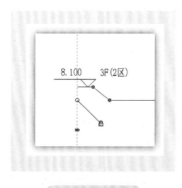

图2-2-19

（8）单击"视图"选项卡>"创建"面板>"平面视图"下拉菜单"楼层平面"命令，打开"新建平面"对话框。从列表中选择"3F（2区）"，单击"确定"按钮后，在项目浏览器中创建了新的楼层平面"3F（2区）"，并自动打开"3F（2区）"作为当前视图。同理，创建其他楼层平面。

图2-2-20

【注意】在阵列完成后可发现，虽然不影响在"楼层平面"命令下创建新平面，但是它影响编辑标高，因此，要把所有阵列对象（包括阵列本身）全部框选，单击"修改/模型组"选项卡>"成组"面板>"解组"命令，如图2-2-20所示，这样就可以修改标高。

（9）至此，建筑的各个标高均编辑完成，保存文件。适当缩放视图，完成后标高如图2-2-21所示。

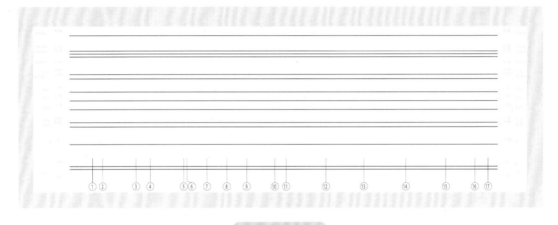

图 2-2-21

2.3 创建、编辑轴网

标高创建完成后，可以切换至任意平面视图来创建和编辑轴网。在平面图中创建轴网，只需要在任意一个平面视图中绘制一次，其他平面和立面、剖面视图中都将自动显示。轴网用于在平面视图中定位项目图元，Revit Architecture提供了"轴网"工具，用于创建轴网。

2.3.1 创建轴网

在Revit Architecture中，创建轴网的过程与创建标高的过程基本相同，其操作也基本一致。

（1）接上节的练习，在项目浏览器中双击"楼层平面"项下的"1F"视图，打开首层平面视图。

（2）选择"常用"选项卡>"基准"面板>"轴网"命令，自动切换至"修改/放置轴网"上下文选项卡，进入放置轴网状态。

（3）确认属性面板中轴网的类型为"6.5mm编号"，符号为"轴网标头-圆"，轴线中段为"连续"，轴线末段宽度为"1"，轴线末段颜色为"红色"，轴网末段填充图案为"轴网线"，勾选"平面视图轴号端点1"和"平面视图轴号端点2"项，完成设置，单击"确定"按钮，如图2-3-1所示。绘制面板中的轴网绘制方式为"直线"，确认选项栏的偏移量为0.0。

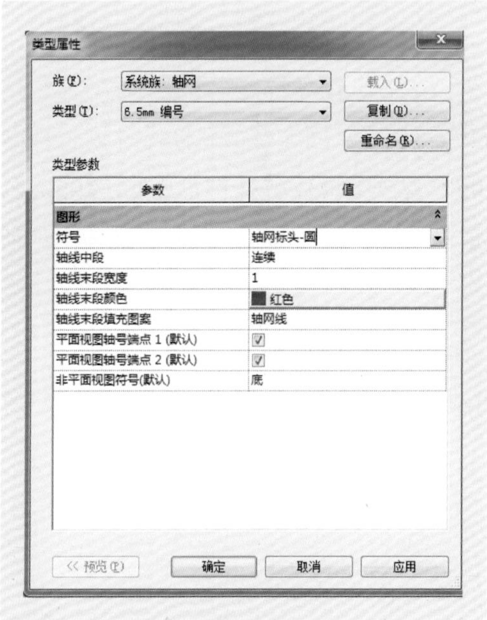

图2-3-1

（4）移动鼠标指针至空白视图左下角空白处单击，作为轴线起点，向右移动鼠标指针，Revit Architecture将在指针位置与起点之间显示轴线预览，并给出当前轴线方向与水平方向的临时尺寸和角度标注。当绘制的轴网沿垂直方向时，Revit Architecture会自动捕捉垂直方向，并给出垂直捕捉参考线。沿垂直方向向上移动鼠标指针至左上角位置时，单击鼠标左键完成第一条轴线的绘制，并自动为该轴线编号。

【注意】确定起点，按住Shift键不放，Revit Architecture将进入正交绘制模式。

（5）使用轴网工具，按图2-3-2所示位置沿水平方向绘制第一根水平轴网，Revit Architecture将自动按轴号为1的轴线完成第一条轴线的绘制。双击轴网标头，把编号为1的轴网标头修改为大写字母为A的轴网标头，如图2-3-3所示。

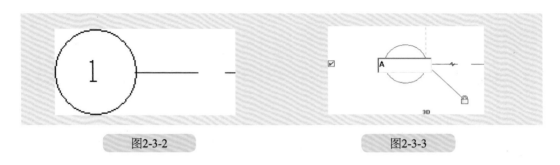

图2-3-2   图2-3-3

（6）选择A号轴线，自动切换至"修改/轴网"选项卡，单击"修改"面板中的"阵列"工具，进入阵列修改状态。如图2-3-4所示，设置选项栏中的阵列方式为"线性"，取消勾选"成组并关联"选项，设置项目数为21，在"移动到"选项栏中勾选"第二个""约束"选项。

【注意】"约束"选项将约束在水平或垂直方向上阵列生成的图元。

图 2-3-4

（7）单击A号轴线上的任意一点，将其作为阵列基点，向上移动鼠标指针置于基点间，出现临时尺寸标注。直接通过键盘输入4 200作为阵列间距并按键盘Enter键确认，Revit Architecture将会向上阵列生成的轴网，并按字母顺序累加的方式为轴网编号，此时从A到W的轴网生成完成。

【注意】框选所有阵列对象进行解组，否则无法对轴网的尺寸进行修改。

（8）分别单击G轴网和Q轴网，修改其距H轴网和P轴网的间距为4 400 mm，如图2-3-5和图2-3-6所示。

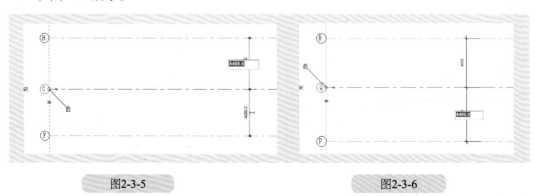

图2-3-5   图2-3-6

（9）使用轴网工具，使用与步骤（5）操作中完全相同的参数，按图2-3-7所示沿竖直方向绘制第一根竖直轴网。

图 2-3-7

（10）选择上一步中绘制的竖向轴网，单击轴网标头中的轴网编号，进入编号文本编辑状态。删除原有编号值，使用键盘输入1，按Enter键确认输入，该轴线编号被修改为1。

（11）确认Revit Architecture仍处于放置轴线状态。移动鼠标指针至1号轴线起点右侧任意位置，Revit Architecture将自动捕捉该轴线的起点，给出端点对齐捕捉参考线，并在指针与1号轴线之间显示临时尺寸标注，指示指针与1号轴线的间距。输入2 400后按Enter键确认，将距1号轴右侧2 400 mm处确定为第二条轴线起点，如图2-3-8所示。

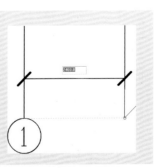

图 2-3-8

（12）使用绘制和复制的方法，绘制2号～17号轴线，间距依次为7 200 mm、3 000 mm、7 200 mm、700 mm、4 200 mm、4 200 mm、4 200 mm、6 000 mm、2 400 mm、8 400 mm、8 400 mm、8 400 mm、8 400 mm、6 200 mm、2 850 mm，如图2-3-9所示。

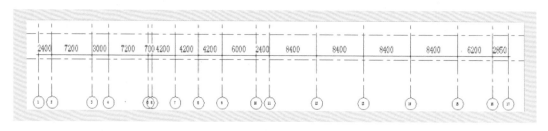

图 2-3-9

至此，完成该项目轴网的绘制。在创建竖直5号轴线和6号轴线时，由于两轴线间距较小，因此，出现图2-3-10所示的轴头重叠情况，可以通过修改轴网、添加弯头来修正这一情况。

（13）适当放大5号、6号轴线左侧轴头位置，选择5号轴线，单击轴头"添加弯头"符号，图2-3-11所示为5号轴线的左侧添加弯头。

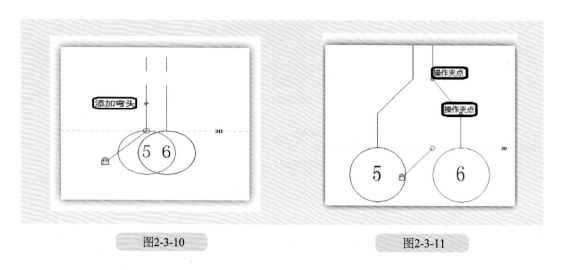

图2-3-10   图2-3-11

（14）按住并拖动添加弯头后轴线上的操作夹点，修改轴网标头位置，如图2-3-11所示。以相同的方法在6号轴线的右侧添加弯头。

（15）切换至2F楼层平面视图，该视图中已经产生与1F基本一致的轴网。切换至南立面视图，注意南立面视图中已经生成垂直方向轴线。

【注意】在2F视图中，5号、6号轴线并未像1F楼层平面视图那样生成弯折。由于添加弯折仅对当前视图有效，选择5号、6号轴线，单击"修改/轴线"上下文选项卡，单击"基准"面板中的"影响范围"按钮，弹出"影响基准范围"对话框，如图2-3-12所示，在视图列表中勾选需要为5号、6号轴线生成的具有与1F楼层平面视图完全相同的弯折（包括其他样式的轴线）的视图，单击"确定"按钮，退出"影响基准范围"对话框，Revit Architecture将为制定的视图生成相同的弯折（包括其他样式的轴线）。

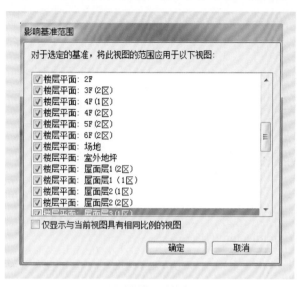

图2-3-12

在Revit Architecture中，可以绘制带有弯折的轴网，在"轴网">"修改放置轴网">"绘制"面板中单击"多段"按钮，即可进入草图绘制模式，可根据需要对轴网进行编辑，绘制完成后单击"完成编辑模式"按钮，即可生成多线轴网，如图2-3-13所示。

图2-3-13

第 1 篇

第 2 篇

第 3 篇

2.3.2　修改轴网

Revit Architecture中轴网对象与标高对象类似，是垂直于标高平面的一组"轴网线"，因此，它可以在与标高平面相交的平面视图（包括楼层平面视图与天花板视图）中自动产生投影，并在相应的立面视图中生成正确的投影。注意，只有与视图截面垂直的轴网对象才能在视图中生成投影。

Revit Architecture的轴网对象由轴网标头和轴线两部分构成，如图2-3-14所示。轴网对象的操作与标高对象基本相同，可以参照标高对象的修改方式修改、定义Revit Architecture的轴网。

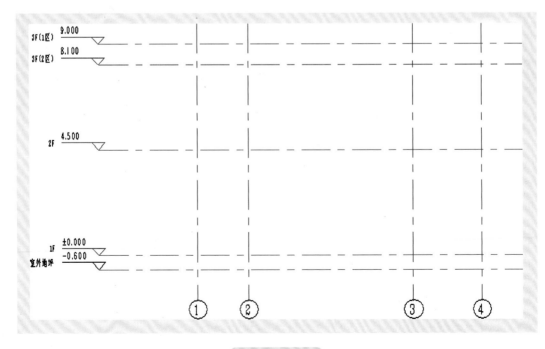

图2-3-14

（1）注意观察平面视图中轴网标头形式、轴网两端点是否出现标头。切换至南立面图，观察到视图中轴网标头已在室外地坪下方，如图2-3-15所示。

图 2-3-15

（2）切换至1F楼层平面视图，选择1号轴线，确认下方轴线显示3D状态**3D**（当轴网处于3D状态时，轴网端点显示为空心圈），单击对齐锁定标记，使其变为解锁状态。按住并拖动1号轴网端点向下移动一段距离后，松开鼠标，可修改1号轴线的长度，而不影响其他轴线。切换至2F楼层平面视图，该视图中的1号轴线同时被修改。

（3）切换至1F楼层平面视图，选择轴线A，单击左侧轴号3D标记**3D**，使其变为2D状态 **2D**，同时轴网端点被修改为实心点。按住并拖动轴网端点向左移动一段距离后松开鼠标，修改A号轴线的长度。切换至2F楼层平面视图，2F楼层平面视图中轴线A并未发生变化。

（4）切换至1F楼层平面视图，选择轴线A，自动切换至"修改/轴网"上下文选项卡。单击"基准"面板中的"影响范围"按钮，弹出"影响基准范围"对话框，在视图列表中勾选"楼层平面：2F"，单击"确定"按钮退出"影响基准范围"对话框。

（5）再次切换至2F楼层平面视图，观察到轴线A此时被修改为与1F楼层平面视图相同的状态。当轴网被切换为2D状态后，所作的修改将仅影响本视图。在3D状态下，所作的修改将影响所有平行视图。"影响范围"工具将2D状态下的修改传递给与当前视图平行的视图。

（6）切换至南立面视图，使用标高工具，确认勾选选项栏中的"创建平面视图"选项，在标高2上方3 000 mm 处绘制新标高，如图2-3-16所示，Revit Architecture自动为该标高生成楼层标高3平面视图。绘制完成后，按Esc键两次结束标高绘制状态。

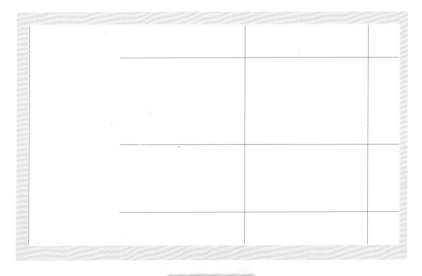

图 2-3-16

（7）切换至标高3楼层平面视图，观察到该视图中并未出现任何标高投影，因为该标高位置高于轴网深度范围，轴网在3D状态下并未与该标高相交。

（8）切换至南立面视图，选择任意轴网对象，确保轴网端点处于3D状态，按住并拖动轴网上方端点，使其高度高于标高3，如图2-3-17所示。再次切换至标高3楼层平面视图，注意此时该平面视图中出现所修改的1~3号标高的投影。

图 2-3-17

（9）切换至任意平面视图，选择任意轴线，在"类型属性"对话框中修改"轴线末段填充图案"为实线，设置"轴线末段长度"为10，单击"确定"按钮，完成属性编辑，退出"类型属性"对话框。

【注意】"轴线末段长度"参数值是指按比例打印图纸后的长度，在不同的比例视图中，Revit Architecture会自动在视图中显示按比例换算后的实际长度。

2.4 绘制参照平面

2.4.1 参照平面的特点

参照平面是Revit Architecture除使用标高、轴网对象对项目进行项目定位外，进行对项目局部定位的一项工具。该参照平面的创建类似于标高和轴网，其不同于标高和轴网之处是其只能创建于立面视图和平面视图中。参照平面可以在项目的任意位置（如平面视图、立面视图、剖面视图等）进行创建。

2.4.2 参照平面的绘制

（1）在项目浏览器中展开"视图（全部）""立面（建筑立面）"项，双击进入南立面视图，单击"建筑"选项卡"工作平面"面板中的"参照平面"工具，自动切换至"修改|放置参照平面"上下文选项卡，进入参照平面放置状态，如图2-4-1所示。

图 2-4-1

（2）移动鼠标指针至轴线任意位置，Revit Architecture将自动捕捉该轴线的起点，给出端点对齐捕捉参考线，在2号、3号轴线间绘制参照平面，距离2号、3号轴线均为2 500 mm，如图2-4-2所示。

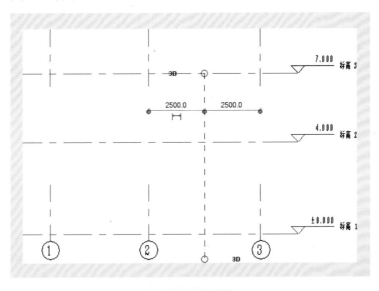

图 2-4-2

（3）当视图中参照平面数量过多时，可在"参照平面属性面板"对话框中通过修改"名称"参数为参照平面命名，以方便在其他视图中快速找到该既定参照平面，如

4-3所示。

2.4.3 参照平面的影响范围

（1）参照平面可以在所有与参照垂直的视图中生成投影，方便在不同的视图中进行定位。

（2）切换至标高1楼层平面图，可发现2号、3号轴线间绘制的参照平面距离同南立面图。

（3）切换至北立面图，可发现2号、3号轴线间绘制的参照平面距离同南立面图，如图2-4-4所示。

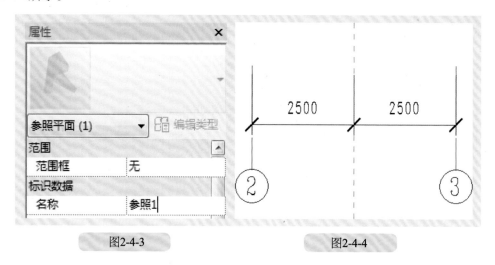

图2-4-3   图2-4-4

2.5   创建柱

2.5.1   柱的类型

Revit Architecture中提供了两种不同用途的柱：建筑柱和结构柱。建筑柱和结构柱在Revit中所起的功能和作用各不相同，建筑柱主要起到装饰和维护的作用，而结构柱主要用于支撑和承载重量。根据项目需要，可创建和编辑建筑柱和结构柱。

2.5.2 柱的载入与属性调整

（1）切换至1F楼层平面视图，单击"建筑"选项卡"构建"面板中的"柱"下拉箭头，在列表中选择"柱：建筑"，进入建筑柱放置状态，如图2-5-1所示。系统自动切换至"修改|放置柱"上下文选项卡。

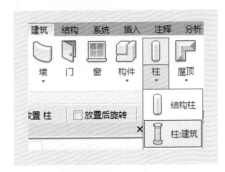

图2-5-1

（2）单击"模式"面板中的"载入族"按钮，弹出"载入族"对话框，在"查找范围"下拉列表框中双击"建筑"图标，再双击"柱"图标，在列表中选择"柱1"，单击"打开"按钮完成载入族编辑，退出"载入族"对话框，如图2-5-2所示。

（3）单击"模式"面板中的"载入族"按钮，弹出"载入族"对话框，在"查找范围"下拉列表框中双击"结构"图标，再双击"柱"图标，在列表中选择"混凝土">"混凝土-矩形-柱"，单击"打开"按钮完成载入族编辑，退出"载入族"对话框，如图2-5-3所示。

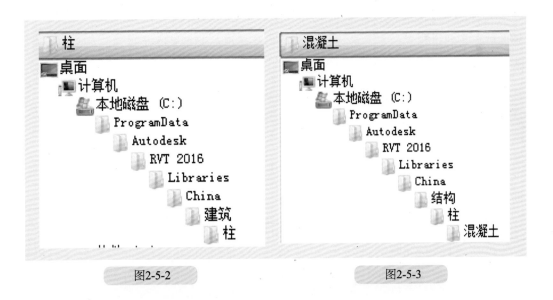

图2-5-2   图2-5-3

（4）确认"属性"对话框中结构柱类型为"混凝土-矩形-柱　300×450 mm"，打开"编辑类型"对话框，复制出名称为"700×500 mm"的新类型。如图2-5-4所示，修改"类型参数"中的"材质"为"图书馆混凝土-现场浇筑""b"值为700，"h"值为500，设置完成后，单击"确定"按钮，退出"类型属性"对话框。

图 2-5-4

【注意】Revit Architecture提供了两种确定结构柱高度的方式：高度和深度。高度是指从当前标高到达设置的标高的方式确定结构柱高度；深度是指从设置的标高到达当前标高的方式确定结构柱高度。

2.5.3 柱的布置和调整

（1）确认"修改|放置结构柱"上下文选项卡的"放置"面板中结构柱生成方式为"垂直柱"，不激活"在放置时进行标记"选项，如图2-5-5所示。

（2）不勾选"放置后旋转"选项，修改柱生成方式为"高度""2F"，勾选"房间边界"选项，如图2-5-6所示。

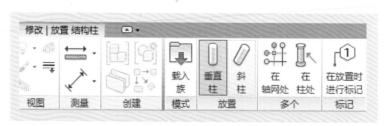

图 2-5-5

图2-5-6

（3）移动鼠标至15号轴线与W轴线交汇处，按空格键可自由调整柱的方向，默认放置柱的中心点，按Esc键两次完成柱的布置，再次单击柱，选择"修改|结构柱"上下文选项卡"修改"面板中的"移动"按钮✛，单击柱中点位置，向左移动鼠标，输入数值100，按Enter键完成柱的调整，退出柱编辑模式，如图2-5-7所示。

（4）单击"修改"选项卡"测量"面板中的"对齐尺寸标注"↗按钮，将鼠标移动至柱左侧边缘位置处，此时柱左侧边缘将高亮显示，单击鼠标左键进行选择，再次单击15号轴线选择，此时将弹出一道临时尺寸标注线，再次单击柱右侧边缘，此时将出现两道临时尺寸标注线，可随意拖动单击鼠标左键完成柱b边尺寸标注，其步骤同上，标注出柱h边尺寸标注，如图2-5-8所示，以便检查柱放置位置的正确性。

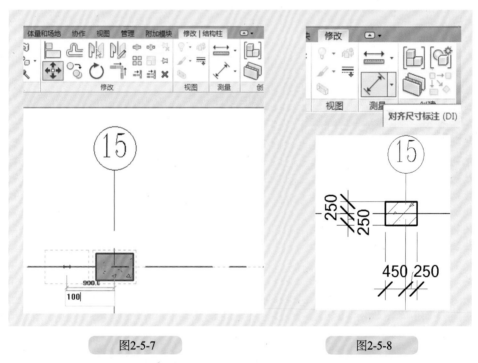

图2-5-7   图2-5-8

（5）同上述步骤（3）布置14号轴线与W轴线位置柱，定位柱的位置，完成柱的布置，观察可发现11号轴线、12号轴线、13号轴线与W轴线位置柱同14轴线与W轴位线置柱，单击鼠标左键框选14号轴线与W轴线位置柱，如图2-5-9所示。弹出"修改|选择多个"上下文选项卡，单击"修改"面板中的"复制"◦⊂按钮，如图2-5-10所

示。勾选选项栏中的"约束""多个",如图2-5-11所示。单击14号轴线与W轴线位置柱中点,向左移动至13号轴线与W轴线位置柱中点位置处,单击鼠标左键完成13号轴线与W轴线位置柱的复制,向左继续单击鼠标左键完成12号轴线与W轴线位置柱、11号轴线与W轴线位置柱的复制,按Enter键完成柱的布置,并退出柱编辑模式,如图2-5-12所示。

图2-5-9   图2-5-10

图 2-5-11

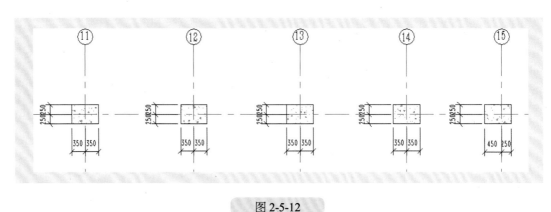

图 2-5-12

(6)布置完成1区M轴线以上部分柱,观察发现K轴线以下部分柱关于L轴线对称,同上述步骤(5)框选M轴线以上部分柱,弹出"修改|选择多个"上下文选项卡,单击"修改"面板中的"镜像-拾取轴"按钮,如图2-5-13所示。移动鼠标至L轴线位置处,此时L轴线将高亮显示,单击鼠标左键完成"镜像-拾取轴"模式。

图 2-5-13

（7）1区一层柱编辑完成，编辑2区一层柱，步骤同上，注意柱的尺寸大小以及定位。

2.6 创建墙体

2.6.1 墙体的构造

墙体是建筑物的重要组成部分，它的作用是承重或围护、分隔空间。Revit Architecture中提供了叠层墙、基本墙和幕墙三种系统族，如图2-6-1所示。定义好墙体类型后可编辑结构墙体的功能、材质和厚度等，在墙体的"编辑部件"中可查看"厚度总计""阻力（R）"和"热质量"等各项参数，如图2-6-2所示。Revit Architecture在"功能列表"中还提供了6项墙体功能，包括结构[1]、衬底[2]、保温层/空气层[3]、面层1[4]、面层2[5]和涂膜层，可定义墙体结构中每层墙体的功能作用，如图2-6-3所示。在"材质浏览器"中可选择多种材质类型，随后可更改"标识""图形"和"外观"等各项信息，如图2-6-4所示。

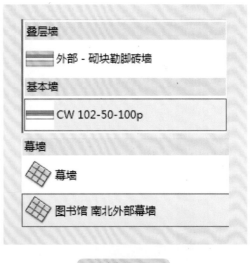

图2-6-1

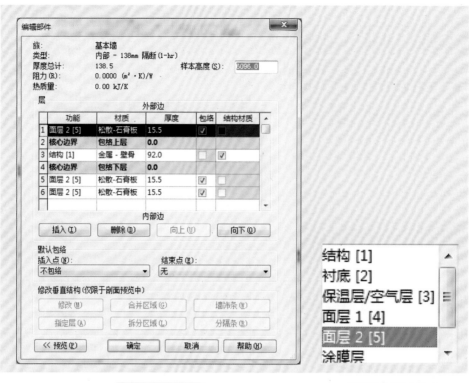

图2-6-2

图2-6-3

图 2-6-4

2.6.2　墙体的创建

（1）在"项目浏览器"中展开"视图（全部）""楼层平面""1F"项，双击打开1F楼层平面视图。单击"建筑"选项卡"构建"面板中的"墙"下拉箭头，在列表中选择"墙：建筑"，进入建筑墙放置状态。自动切换至"修改|放置墙"上下文选项卡，进入"属性"对话框选择"常规-140 mm砌体"。单击"编辑类型"按钮，弹出"类型属性"对话框，单击"复制"按钮，弹出"名称"对话框，输入名称为"2区一层烟灰色大理石外墙"作为新类型名称，如图2-6-5所示，单击"确定"按钮，完成名称编辑。

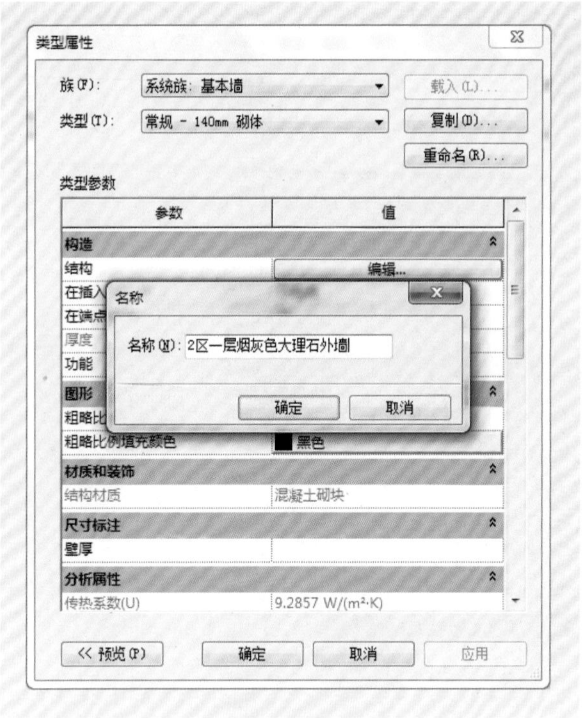

（2）单击"类型属性"对话框中的"编辑"按钮，弹出"编辑部件"对话框，如图2-6-6所示。单击"插入"按钮，将鼠标移动至核心边界前数字位置处进行单击选择，如图2-6-7所示，单击"向下"按钮移动至"结构[1]-混凝土砌块"上下两侧，移动并修改其余"结构[1]"层并修改厚度，将鼠标移动至材质位置处 `功能 | 材质 结构[1] | <按类别>` 单击 □ 按钮进入"材质浏览器"对话框，如图2-6-8所示。搜索"大理石"，单击Enter键完成搜索，单击 ↑ 按钮导入到"项目材质"中，用鼠标右键

图2-6-5

单击"大理石"名称，选择"重命名"按钮，在"名称"对话框中输入"烟灰色大理石"作为新类型名称。如图2-6-9所示，勾选"使用渲染外观"选项，单击"表面填充图案"＞"填充图案"，弹出"填充样式"对话框，选择名称为"直缝600×1 200 mm"，选择"填充图案类型"为"模型（M）"。"截面填充图案"设置同"表面填充图案"，设置完成后单击"确定"按钮，退出"类型属性"对话框。

图 2-6-6

图 2-6-7

图 2-6-8

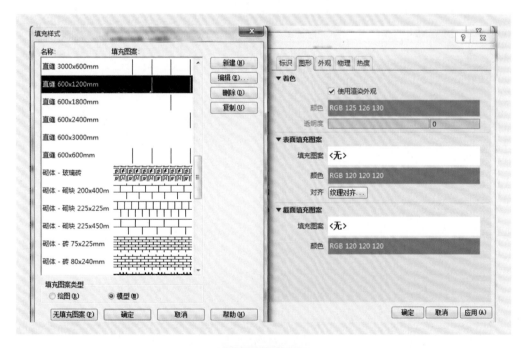

图 2-6-9

（3）确认当前视图为1F楼层平面视图，确认Revit Architecture仍处于"修改|放置墙"状态，如图2-6-10所示，设置"绘制"面板中的墙体绘制方式为☑。

（4）设置选项栏中"高度"为"2F"；"定位线"为"核心面：外部"；勾选"链"选项；设置"偏移量"为"0.0"；不勾选"半径"，如图2-6-11所示。

图 2-6-10

图 2-6-11

（5）在"属性"对话框中设置"底部限制条件"为"室外地坪"，设置"顶部偏移"为"0.0"，如图2-6-12所示。在1F楼层平面视图中绘制两条"参照平面"，在距2号轴线1 900 mm、距V轴线300 mm位置处，如图2-6-13所示。

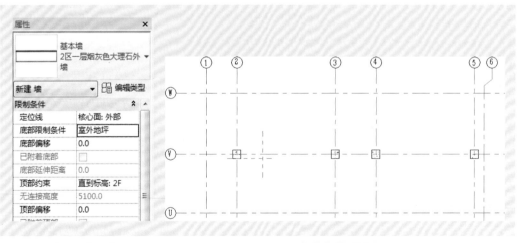

图2-6-12   图2-6-13

（6）单击"建筑"选项卡"构建"面板中的"墙"下拉箭头，在列表中选择"墙：
建筑"，进入建筑墙放置状态。拾取柱端点绘制2区一层烟灰色大理石外墙，按空格键可
随时更改墙体方向，在3号轴线与4号轴线之间更改"定位线"为"核心层中心线"进行
绘制，按Ese键完成2区一层烟灰色大理石外墙的绘制，如图2-6-14所示。

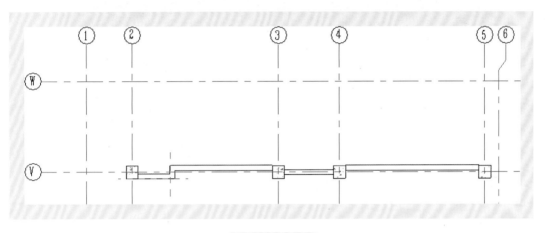

图 2-6-14

（7）在"项目浏览器"中展开"视图（全部）" > "立面（建筑立面）" > "北"
项，双击打开北立面视图，如图2-6-15所示。

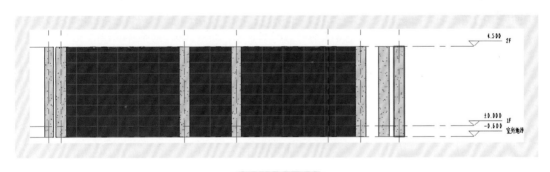

图 2-6-15

（8）单击"快速访问栏"中的"默认三维视图" ⌖ ，按住Shift键，用鼠标滑轮拖动
即可任意旋转，如图2-6-16所示。

【注意】步骤（2）中，"编辑部件"对话框中定义的墙结构列表中从上到下代表墙
构造从外到内的顺序。

步骤（4）中，"链"选项表示在绘制时第一面墙的绘制终点即第二面墙的绘
制起点。

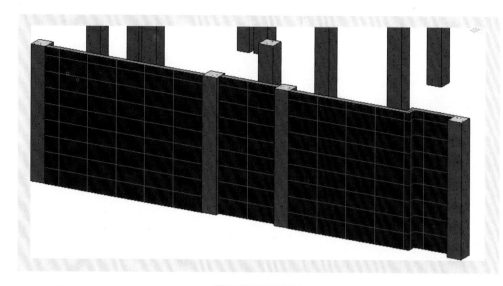

图 2-6-16

2.6.3 墙体连接关系

（1）墙体连接在Revit Architecture里就是墙与墙之间的连接。它可以是同类型墙之间的连接，也可以是不同类型墙之间的连接。

（2）Revit Architecture通过控制墙端点处"允许连接"和"不允许连接"方式控制连接点处墙连接情况，如图2-6-17所示。

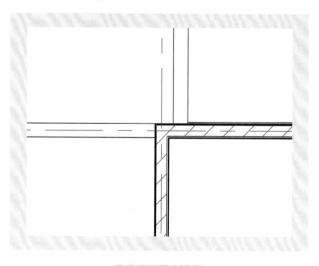

图 2-6-17

（3）Revit Architecture除可以控制墙端点的连接方式外，当两墙相连时，还可以控制其连接方式，单击"修改"选项卡"几何图形"面板中的"墙连接"按钮，如图2-6-18所示，最多可以将4个面的墙连接起来。

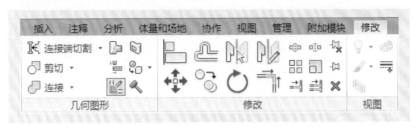

图 2-6-18

（4）Revit Architecture提供了平接、斜接和方接三种不同的墙连接方式，如图2-6-19所示。

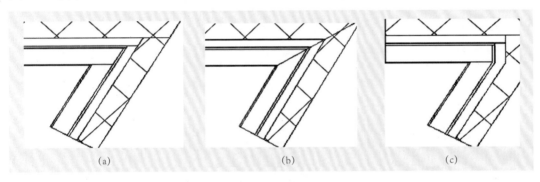

图 2-6-19

（a）平接；（b）斜接；（c）方接

（4）Revit Architecture默认清理所有墙连接，如图2-6-20所示。在完全相同的连接方式下，图2-6-20（a）所示为清理连接图元的显示情况，图2-6-20（b）所示为不清理连接图元的显示情况。

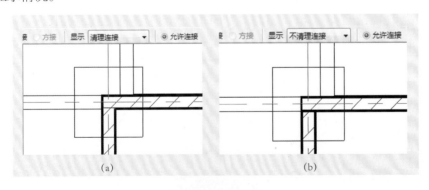

图 2-6-20

（a）清理连接图元的显示情况；（b）不清理连接图元的显示情况

2.7 添加门

2.7.1 门的载入

（1）切换至2F楼层平面视图，单击"建筑"选项卡"构建"面板中的"门"按钮，系统自动切换至"修改|放置门"上下文选项卡，如图2-7-1所示。

（2）单击"模式"面板中的"载入族"按钮，进入"查找范围"对话框，双击"建筑"图标，再依次双击"门" > "普通门" > "推拉门"，选择"双扇推拉门7-带亮窗"，单击"打开"按钮完成载入族编辑，退出"载入族"对话框，如图2-7-2所示。

图2-7-1　　　　　　　　　　　　　　　　图2-7-2

2.7.2 门的布置与调整

（1）单击"属性"对话框中的"编辑类型"按钮，弹出"类型属性"对话框，如图2-7-3所示。单击"复制"按钮，弹出"名称"对话框，复制出"M1535"的新类型，修改"类型参数"列表中的"尺寸标注"选项，修改"高度"为3 500、"宽度"为1 500，如图2-7-4所示。设置"标识数据"选项中的"类型标记"为"M1535"，其他参数保持不变。参数设置完成后，单击"确认"按钮退出"类型属性"对话框。

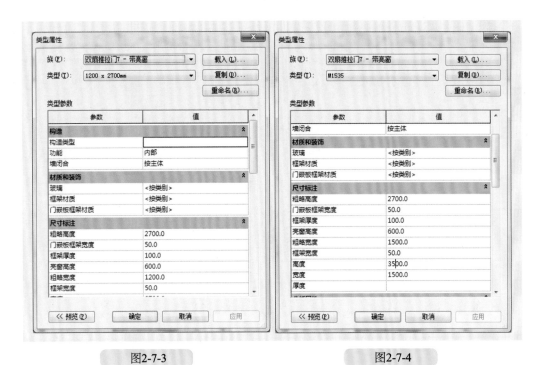

图2-7-3 图2-7-4

（2）确认"属性"对话框中"限制条件"选项的"标高"为"2F"，如图2-7-5所示。激活"修改|放置门"上下文选项卡"标记"面板中的"在放置时进行标记"按钮，如图2-7-6所示。移动鼠标指针至图书馆大厅处14号轴与J轴上方，将在该墙位置处显示放置预览，单击鼠标左键放置M1535，如图2-7-7所示。

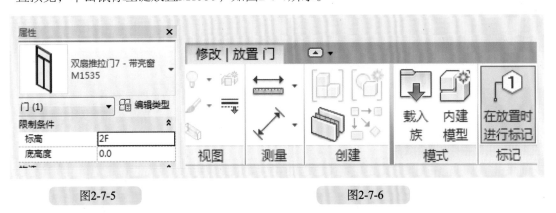

图2-7-5 图2-7-6

（3）再次单击选中"M1535"，修改临时标注尺寸标注值为950，如图2-7-8所示。单击门标记"M1535"，弹出"属性"对话框，修改"图形"列表中的"方向"选项为"垂直"，不勾选"引线"选项，如图2-7-9所示。设置完成后，按Esc键退出放置门状态。

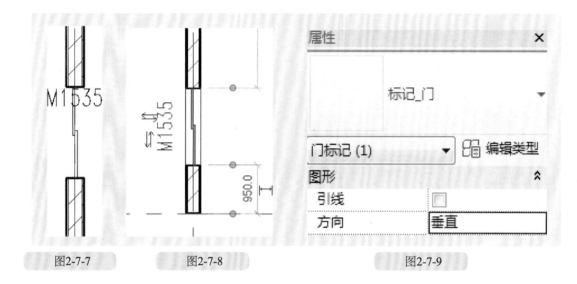

| 图2-7-7 | 图2-7-8 | 图2-7-9 |

（4）依次向上布置M1535，步骤同上，修改完成后，如图2-7-10所示。切换至东立面视图，单击"M1535"可修改门标高限制条件，如图2-7-11所示。

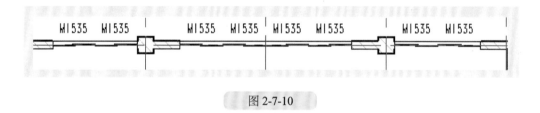

图 2-7-10

图 2-7-11

2.8 添加窗

2.8.1 窗的载入

（1）切换至2F楼层平面视图，单击"建筑"选项卡"构建"面板中的"窗"按钮。系统自动切换至"修改|放置 窗"上下文选项卡，如图2-8-1所示。

（2）单击"模式"面板中的"载入族"按钮，进入"查找范围"对话框，双击"建筑"图标，再依次双击"窗"＞"普通窗"＞"组合窗"，选择"组合窗-双层单列（四扇推拉）-上部双扇"，单击"打开"按钮完成载入族编辑，退出"载入族"对话框，如图2-8-2所示。

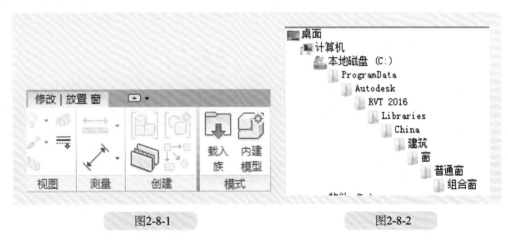

图2-8-1　　　　　　　　　　　　　　　图2-8-2

2.8.2 门的布置与调整

（1）单击"属性"对话框中的"编辑类型"按钮，弹出"类型属性"对话框，如图2-8-3所示。单击"复制"按钮，弹出"名称"对话框，复制出"C3619"的新类型，修改"类型参数"列表中的"尺寸标注"选项，修改"高度"为1 900、"宽度"为3 600，如图2-8-4所示。设置"标识数据"选项中"类型标记"为"C3619"，其他参数保持不变。设置完成后，单击"确认"按钮退出"类型属性"对话框。

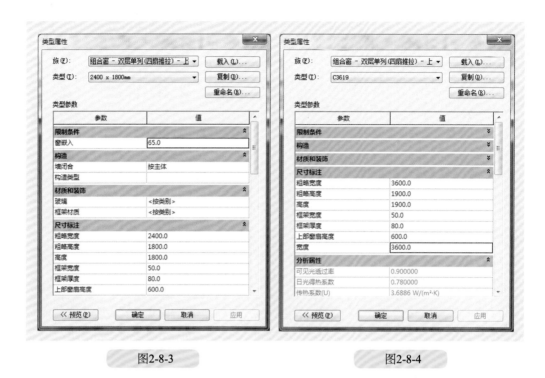

图2-8-3　　　　　　　　　　　　　　　　　　图2-8-4

（2）设置"属性"对话框中"限制条件"选项的"底高度"为900.0，如图2-8-5所示。激活"修改|放置 窗"上下文选项卡"标记"面板中的"在放置时进行标记"按钮，如图2-8-6所示。移动鼠标指针至教学楼大厅处1号轴线与J轴线上方，将在该墙位置处显示放置预览，单击鼠标左键放置C3619，如图2-8-7所示。

图2-8-5　　　　　　　　　　　　　　　　　　图2-8-6

（3）再次单击选中"C3619"，修改临时标注尺寸标注值为0.0，如图2-8-8所示。单击门标记"C3619"，弹出"属性"对话框，修改"图形"列表中的"方向"选项为"垂直"，不勾选"引线"选项，如图2-8-9所示。设置完成后，按Esc键退出放置窗状态。

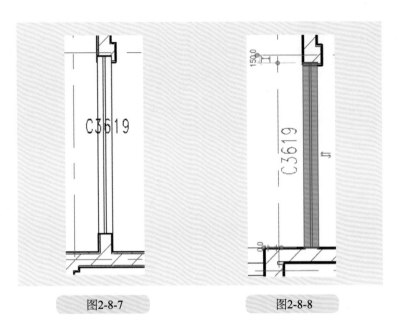

图2-8-7   图2-8-8

（4）依次向上布置C3619，步骤同上，修改完成后，如图2-8-10所示。切换至西立面视图，单击"C3619"可修改窗标高限制条件，如图2-8-11所示。

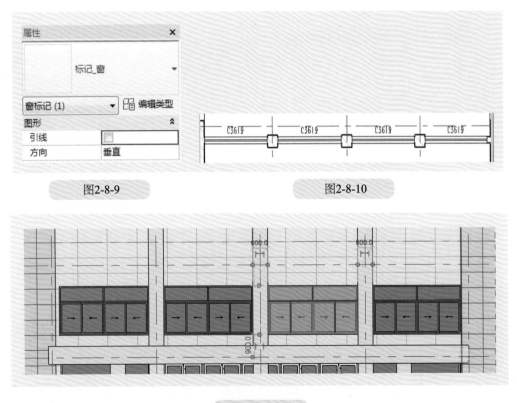

图2-8-9   图2-8-10

图 2-8-11

第 1 篇

第 2 篇

第 3 篇

2.9 创建幕墙

2.9.1 幕墙的分类

幕墙是建筑的外墙围护，不承重，是现代大型建筑和高层建筑常用的带有装饰效果的轻质墙体。它是由面板和支承结构体系组成的，可相对主体结构有一定位移能力或自身有一定变形能力、不承担主体结构所作用的建筑外围护结构或装饰性结构（外墙框架式支撑体系也是幕墙体系的一种）。

Revit Architecture根据幕墙的用途分为幕墙、外部玻璃和店面。

单击"建筑"选项卡"构建"面板中的"墙"下拉箭头，在列表中选择"墙：建筑"，在"属性"面板下滑栏中找到幕墙系统，如图2-9-1所示。现分别绘制2 000 mm的幕墙、外部玻璃和店面，如图2-9-2所示。

图 2-9-1

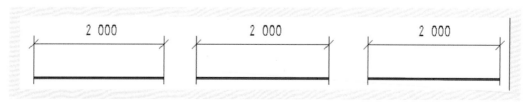

图 2-9-2

Revit Architecture中，幕墙在生成时没有划分幕墙网格线，是一块整玻璃，人们必须通过手动划分幕墙网格线或在幕墙的"属性"面板里制定网格属性，如图2-9-3所示。

Revit Architecture中，外部玻璃在生成时有默认较大的分割线，如图2-9-4所示。Revit Architecture中，店面在生成时有默认较小的分割线，如图2-9-5所示，店面在选择分割线时连按Tab键无法选取单个幕墙嵌板进行一系列操作。

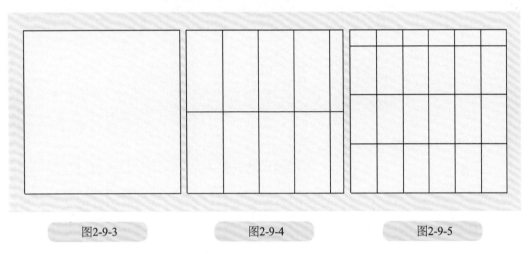

图2-9-3　　　　　　　图2-9-4　　　　　　　图2-9-5

2.9.2　线性幕墙的绘制

（1）在项目浏览器中单击楼层平面前的加号，双击打开"室内地坪"楼层平面图，找到9号~15号轴线与W轴线相交的图书馆南侧面外墙，分别在9号~15号轴线左、右各绘制300 mm的参照平面，如图2-9-6所示。

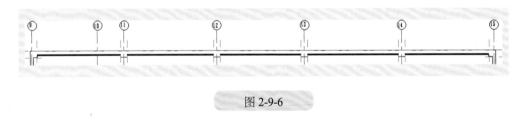

图 2-9-6

（2）在"属性"面板中找到幕墙系统。单击幕墙，在"属性"面板里单击"编辑类型"按钮，打开"类型属性"对话框，复制一个新的幕墙，将其命名为"图书馆 外部幕墙"（图2-9-7）。在新的"类型属性"对话框中勾选"自动嵌入"，自动嵌入即在墙中绘制幕墙时自动剪切墙体。

图 2-9-7

（3）在"修改|放置 墙"选项卡的绘制面板中，选择"直线"绘制命令，在"偏移量"中输入"100"，如图2-9-8所示。在"属性"面板的"限制条件"属性栏中修改"底部限制条件"为"1F"，修改"顶部约束"为屋面层1（1区）的标高，修改"顶部偏移"为"-900"，如图2-9-9所示。绘制图书馆南侧面外墙幕墙完毕，如图2-9-10所示。

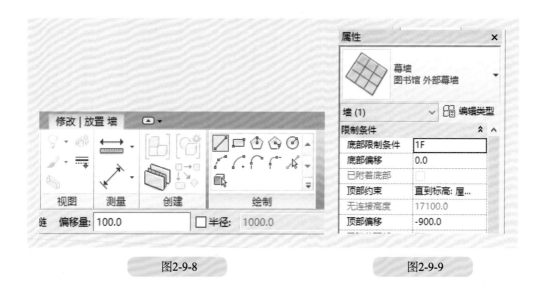

图2-9-8　　　　　　　　　　　　　　　　　　图2-9-9

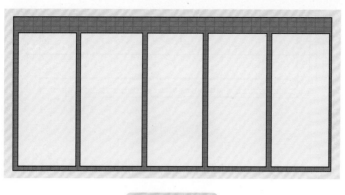

图 2-9-10

2.9.3　幕墙网格的划分

幕墙网格的划分主要分为两种：手动绘制幕墙网格线以及在幕墙的类型属性中设置幕墙水平网格和竖直网格。在"类型属性"对话框中可以根据固定距离、固定数量、最大间距和最小间距进行设置，如图2-9-11所示。

这里由于要在幕墙上添加幕墙门和幕墙窗，幕墙网格较为复杂，所以以手动绘制幕墙网格线的形式划分幕墙。首先在15号轴网和16号轴网分别向内绘制400 mm和250 mm的参照平面，在与V轴网交接处的墙体绘制图书馆外部幕墙，幕墙长度为5 550 mm，在"属性"面板的"限制条件"属性栏中修改"底部限制条件"为室外地坪，修改"顶部约束"为屋面层1（1区）标高，设置"顶部偏移"为1 200 mm，如图2-9-12所示。

图 2-9-11

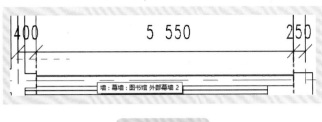

图 2-9-12

（1）在"项目浏览器"中打开南立面视图，找到位于15号轴线与16号轴线之间的无网格幕墙。打开画面左下角的"视觉样式"，选择"着色"模式，如图2-9-13所示。选择示例幕墙，打开画面左下角的"临时隐藏与隔离"，选择"隔离图元"，如图2-9-14所示。

图2-9-13   图2-9-14

（2）经过以上操作可以保证在绘制幕墙网格时界面清晰与简洁，防止捕捉出错，如图2-9-15所示。打开"建筑"选项卡，在"构建"面板中单击"幕墙网格"按钮，这时"修改"面板会被激活并改成"修改|放置 幕墙网格"面板，选择"全部分段"工具，如图2-9-16所示。

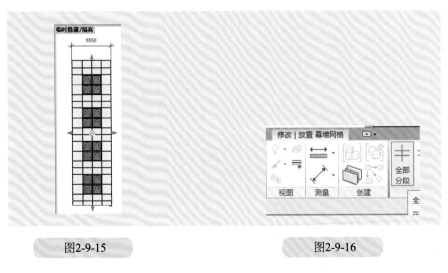

图2-9-15   图2-9-16

（3）使用"全部分段"工具从上往下分别间隔1 200 mm、900 mm、1 350 mm、1 350 mm、900 mm、900 mm、1 350 mm、1 350 mm、900 mm、900 mm、1 350 mm、1 350 mm、900 mm、600 mm绘制水平幕墙网格线，如图2-9-17所示。然后从左到右分别间隔1 425 mm、1 350 mm、1 350 mm、1 425 mm绘制垂直幕墙网格线，如图2-9-18所示。如果在绘制幕墙网格线时无法拾取十位数和个位数，可以任意放置幕墙网格线，然后选择刚刚绘制的幕墙网格线，在两侧会显示临时尺寸标注，单击选择进行修改，如图2-9-19所示。绘制完成时再次打开"临时隐藏与隔离"，选择"重置隐藏隔离图元"。

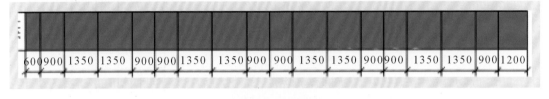

图 2-9-17

图2-9-18   图2-9-19

2.9.4 添加幕墙竖梃

幕墙竖梃的添加有两种方法，即手动添加幕墙竖梃和在幕墙类型属性里进行竖梃的设置，这里使用在幕墙类型属性里进行竖梃的设置。

（1）选择示例幕墙，打开"属性"面板里的"类型属性"，选择类型参数中的"连接条件"，单击打开选择"边界和垂直网格连接"，如图2-9-20所示。修改垂直竖梃与水平竖梃的"内部类型""边界1类型"和"边界2类型"的值为"矩形竖梃：矩形竖梃1"，如图2-9-21所示。

该示例幕墙竖梃添加的绘制效果如图2-9-22所示。

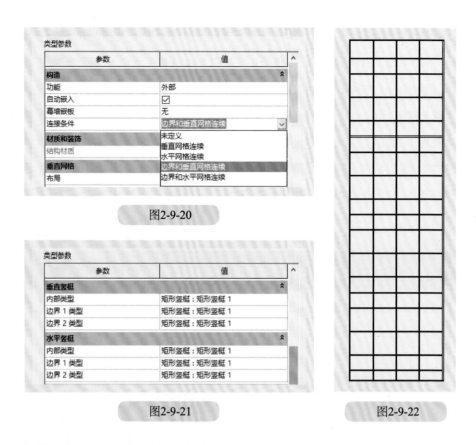

图2-9-20

图2-9-21

图2-9-22

在上述操作中依据幕墙建筑规范定义了边界和垂直网格连接，即在幕墙边界的竖梃相交时水平竖梃打断垂直竖梃，在中间竖梃相交时垂直竖梃打断水平竖梃，如图2-9-23所示。

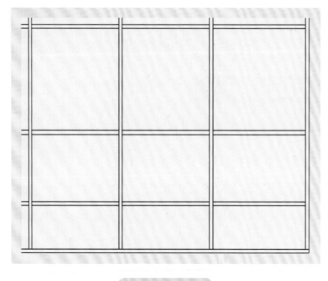

图 2-9-23

2.9.5　幕墙窗的添加

（1）在"项目浏览器"中打开南立面视图，找到位于15号轴线与16号轴线之间的幕墙。选择示例幕墙，打开画面左下角的"临时隐藏与隔离"，选择"隔离图元"。

（2）选择长度为1 350 mm的竖梃，多次选择时按住Ctrl键单击添加竖梃，如图2-9-24所示。

（3）解锁幕墙竖梃，单击"禁止/允许改变图元"符号，解锁幕墙竖梃图元限制，然后删除长度为1 350 mm的幕墙竖梃图元，如图2-9-25所示。

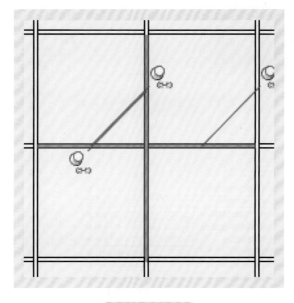

图 2-9-24

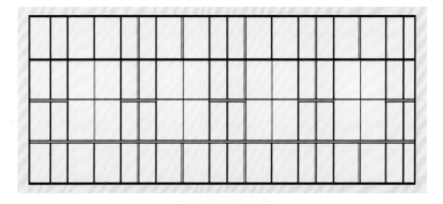

图 2-9-25

（4）在"载入"选项卡中的"从库中载入"面板里选择"载入族"，打开默认路径"建筑">"幕墙">"门窗嵌板"，如图2-9-26所示，并打开"窗嵌板_50-70系列上悬铝窗.rfa"族文件，如图2-9-27所示。

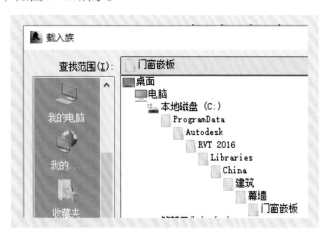

图 2-9-26

图 2-9-27

（5）按Tab键选取幕墙嵌板，在"属性"面板中单击"系统嵌板玻璃"，选择"窗嵌板_50-70系列上悬铝窗">"70系列"，如图2-9-28所示。在"属性"面板中单击"编辑类型"按钮，系统弹出"类型属性"对话框，在对话框中修改材质和装饰中的"窗扇框材质""把手材质"和"框架材质"为"不锈钢"，修改"玻璃"为"玻璃，透明玻璃"，如图2-9-29所示。

图 2-9-28

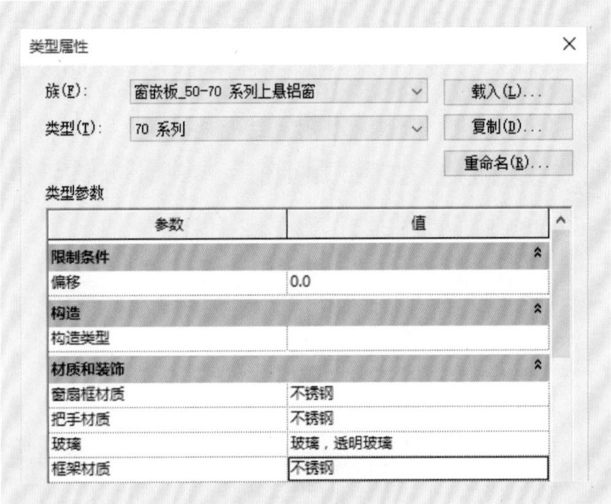

图 2-9-29

（6）把该示例幕墙中1 350 mm×1 350 mm的幕墙"系统嵌板玻璃"更改为"窗嵌板_50-70系列上悬铝窗" > "70系列"，完成示例幕墙窗的添加，如图2-9-30所示。

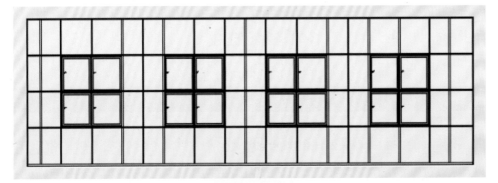

图 2-9-30

2.10 创建楼板

2.10.1 楼板的构造

（1）选取图书馆案例项目1F楼层门厅处地面作为教材案例，打开1F楼层平面视图。

（2）单击"建筑"选项卡"构建"面板中的"楼板"下拉箭头，在列表中选择"楼板：建筑"。在楼板"属性"面板中选择任意常规楼板，单击"编辑类型"进入"类型属性"对话框，单击"复制"按钮，命名为"图书馆1F门厅240 mm"。

（3）单击构造面板里结构后面的"编辑"按钮，打开"编辑部件"对话框。单击3次"插入"按钮，插入3个功能层，如图2-10-1所示。参照设计图纸和L13J7-1建筑标准设计图集设置Revit Architecture楼面部件属性，见表2-10-1。

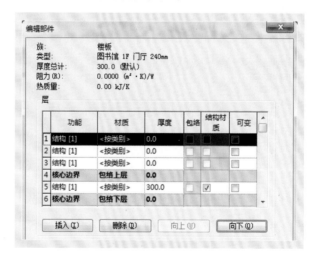

图 2-10-1

表 2-10-1

名称	建筑做法
陶瓷地砖楼面	①8~10 mm 厚地砖铺实拍平，稀水泥浆擦缝； ②20 mm 厚 1：3 干硬性水泥砂浆； ③素水泥浆一道； ④现浇钢筋混凝土楼板

（4）创建材质：功能层1、2、3、5的材质属性如图2-10-2~图2-10-5所示。

（5）分别修改功能层1、2、3和5为"面层1[4]""衬底[2]""衬底[2]"和"结构
[1]"，分别修改功能层材质为"1F大理石地砖铺实拍平，稀水泥浆擦缝""1:3干硬性
水泥砂浆""混凝土-现场浇注混凝土-C15""3:7灰土或碎石灌M5水泥砂浆"。

（6）修改功能层1、2、3和5的厚度为10 mm、20 mm、60 mm和150 mm。

（7）勾选功能层5为"结构材质"，确保地面的定位参照，成功创建楼面，如图2-10-6所示。

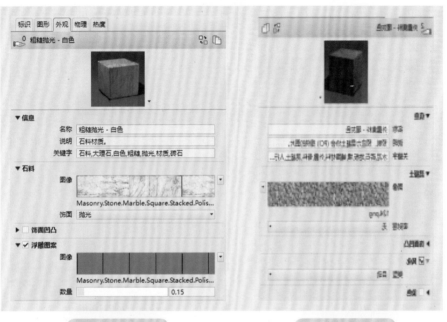

图2-10-2   图2-10-3

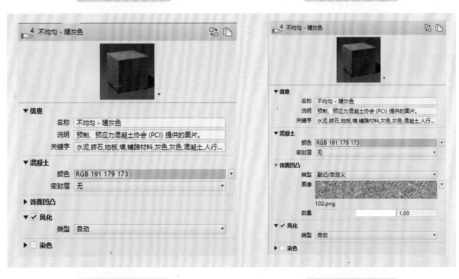

图2-10-4   图2-10-5

图 2-10-6

2.10.2 楼板的创建

（1）选择"修改|创建楼层边界"选项卡，默认激活"边界线"命令，激活"绘制"面板中的"拾取墙"，如图2-10-7所示。设置"偏移"为"0.0"，勾选"延伸到墙中（至核心层）"选项，如图2-10-8所示。

图2-10-7   图2-10-8

（2）拾取案例项目1F楼层门厅墙内面，如图2-10-9所示，然后单击"修改|创建楼层面板边界"选项卡"修改"面板中的"修剪/延伸为角"按钮，选择要保留的两条模型线，Revit Architecture将自动修建。

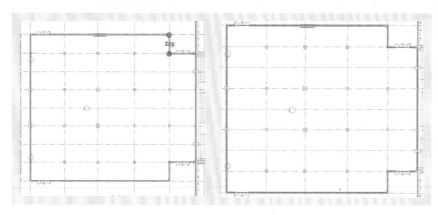

图 2-10-9

图2-10-10

（3）在"属性"面板中修改限制条件：标高为1F，自标高的高度偏移为0.0，如图2-10-10所示。

（4）单击"完成"按钮时，系统会提示"是否希望将高达此楼层标高的墙附着此楼层底部？"。单击"是"按钮。系统还会提示楼板/屋顶与高亮显示的墙体重叠，系统还会提示"是否希望连接几何图形并从墙体剪切重叠的体积？"。点击"是"按钮。

2.11　创建屋顶

2.11.1　屋顶的构造

以图书馆上人屋顶作为本案例屋顶，根据设计图纸和L13J1建筑工程做法，见表2-11-1。

表2-11-1

名称	建筑做法
地砖保护层屋面	①8~10 mm厚地砖铺实拍平，缝宽5~8 mm，1:1水泥砂浆填缝；
	②25 mm厚1:3干硬性水泥砂浆；
	③隔离层：0.4 mm厚聚乙烯膜一层；
	④防水层；
	⑤30 mm厚C20细石混凝土找平层；
	⑥保温层；
	⑦20 mm厚1:2.5水泥砂浆找平层；
	⑧最薄处30 mm厚找坡2%找坡层：1:6水泥憎水型膨胀珍珠岩；
	⑨隔汽层：1.5 mm厚聚氨酯防水涂料；
	⑩20 mm厚1:2.5水泥砂浆找平层；
	⑪现浇钢筋混凝土屋面板

（1）单击"建筑"选项卡"构建"面板中的"屋顶"下拉箭头，在列表中选择"迹线屋顶"，如图2-11-1所示。在楼板"属性"面板中选择"保温屋顶-混凝土"，单击

"编辑类型"按钮，弹出"类型属性"对话框，在对话框中单击"复制"按钮，命名为"图书馆 屋面层1（1区）上人屋顶"。

图 2-11-1

（2）在新建墙体的类型参数中的"构造"面板中单击"编辑"按钮，打开"编辑部件"对话框。单击5次"插入"按钮，插入5个功能层，参照设计图纸和L13J7-1建筑标准设计图集设置Revit Architecture楼面部件属性，如图2-11-2所示。

编辑部件

族：	基本屋顶
类型：	图书馆 屋面层1（1区）上人屋顶
厚度总计：	272.0（默认）
阻力 (R)：	0.0824 (m²·K)/W
热质量：	2.04 kJ/K

层

	功能	材质	厚度	包络	可变
1	围层 1 [4]	防滑地砖铺平拍实	10.0	☐	☐
2	围层 1 [4]	1:3干硬性水泥砂浆	25.0	☐	☐
3	围层 1 [4]	聚乙烯膜	10.0	☐	☐
4	围层 1 [4]	混凝土 - 现场浇注混凝土 - C20	30.0	☐	☐
5	围层 1 [4]	聚氨酯泡沫防水卷材	1	☐	☐
6	围层 1 [4]	1:2.5水泥砂浆找平	20.0	☐	☐
7	核心边界	包络上层	0.0		
8	结构 [1]	钢筋混凝土 - 现场浇注	175.0		☐

图 2-11-2

（3）创建材质：功能层1、2、3、4、5、6、8的材质属性如图2-11-3~图2-11-8所示。

（4）分别修改功能层1、2、3、4、5、6、8为"面层1[4]"和"结构[1]"，分别修改功能层材质为"防滑地砖铺平拍实""1：3干硬性水泥砂浆""聚乙烯膜""混凝土-现场浇注混凝土-C20""聚氨酯泡沫防水卷材""1：2.5水泥砂浆找平""钢筋混凝土-现场浇注"。

（5）修改功能层1、2、3、4、5、6、8的厚度为10 mm、25 mm、10 mm、30 mm、1 mm、20 mm、175 mm。

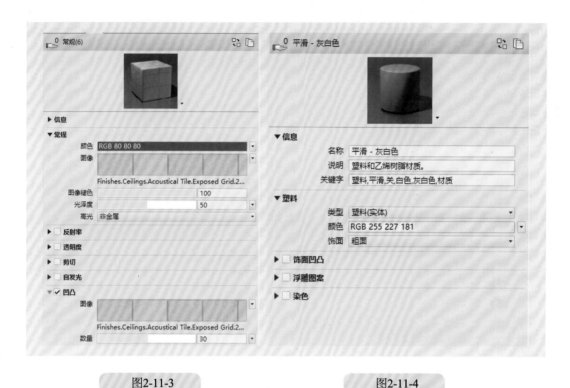

图2-11-3

图2-11-4

图2-11-5

图2-11-6

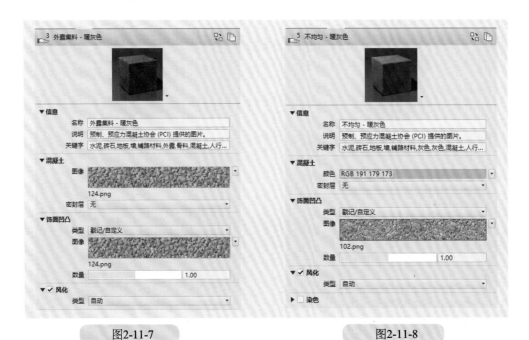

图2-11-7　　　　　　　　　　　　　　图2-11-8

2.11.2　屋顶的创建

（1）选择"修改|创建屋顶迹线"选项卡，默认激活"边界线"命令，激活"绘制"面板中的"拾取墙"，如图2-11-9所示。设置"悬挑"为"0.0"，勾选"延伸到墙中（至核心层）"，不勾选"定义坡度"，如图2-11-10所示。

图2-11-9　　　　　　　　　　　　　　图2-11-10

（2）拾取案例项目"屋面层1（1区）"楼层图书馆外墙外面，然后单击"修改|创建楼层面板边界"选项卡"修改"面板中的"修改/延伸为角"按钮，选择要保留的两条模型线，Revit Architecture将自动修建，如图2-11-11所示。

（3）在"属性"面板修改限制条件："底部标高"为"屋面层1（1区）"，"自标高的底部偏移"为"0.0"，勾选"房间边界"，如图2-11-12所示。

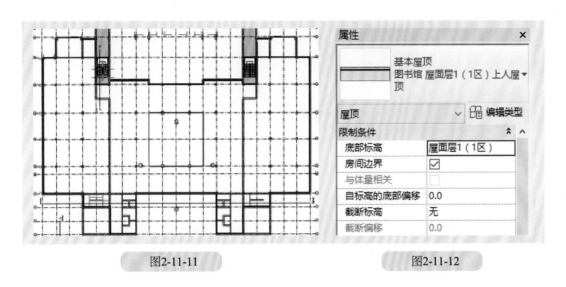

图2-11-11   图2-11-12

（4）单击"完成"按钮时，系统会提示"是否希望将高达此楼层标高的墙附着此楼层底部？"。单击"是"按钮。楼板/屋顶与高亮显示的墙体重叠，系统还会提示"是否希望连接几何图形并从墙体剪切重叠的体积？"。单击"是"按钮。

2.12 创建天花板

（1）选取图书馆案例项目1F楼层书库处天花板作为教材案例，打开1F天花板平面视图。

（2）单击"建筑"选项卡"构建"面板中的"天花板"按钮，在天花板"属性"面板中选择"常规天花板"，单击"编辑类型"按钮，弹出"类型属性"对话框，单击"复制"按钮，命名为"图书馆 1F 书库 天花板"。

（3）创建材质："图书馆 1F 欧式 600×600 天花板"，如图2-12-1所示。

（4）在"修改|放置|天花板"选项卡"天花板"面板中选择"自动创建天花板"。

（5）在天花板"属性"面板中修改限制条件："标高"为"1F"，"自标高的高度偏移"为"3 500"，勾选"房间边界"，如图2-12-2所示。

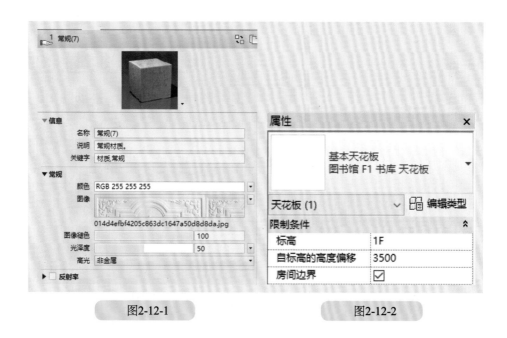

图2-12-1   图2-12-2

（6）拾取房间1F楼层书库，系统自动拾取内墙面层并创建"图书馆1F书库 天花板"，完成图书馆案例项目1F楼层书库处天花板的绘制。

2.13 添加楼梯

2.13.1 楼梯的材质与属性

（1）选取图书馆案例项目2F楼层入口处综合楼梯作为教材案例，打开1F楼层平面视图。

（2）单击"建筑"选项卡"楼梯坡道"面板中的"楼梯"下拉箭头，在列表中选择"楼梯（按构件）"，在楼梯"属性"面板中选择"整体浇筑楼梯"，单击"编辑类型"按钮，系统弹出"类型属性"对话框，如图2-13-1所示。单击"复制"按钮，复制两个楼梯，分别命名为"2F楼层入口处综合楼梯142 mm×350 mm"和"2F楼层入口处综合楼梯284 mm×700 mm"。

（3）创建材质："1F 综合楼梯 踏板 踢满 大理石"，如图2-13-2所示。

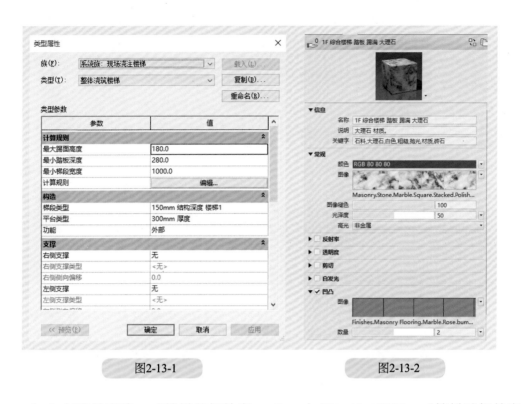

图2-13-1　　　　　　　　　　　　图2-13-2

（4）创建轮廓族："楼梯踏板轮廓715"，如图2-13-3所示；"楼梯踏板轮廓335"，如图2-13-4所示；"踢面前缘轮廓"，如图2-13-5所示。

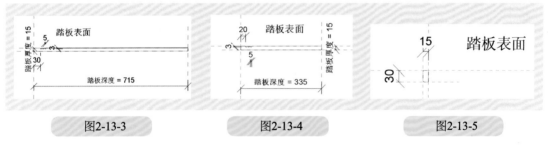

图2-13-3　　　　　　　　图2-13-4　　　　　　　　图2-13-5

（5）创建踢段类型："150 mm 结构深度 楼梯1"，如图2-13-6所示；"150 mm 结构深度 楼梯2"，如图2-13-7所示。

（6）在楼梯"属性"面板中选择"2F楼层入口处综合楼梯142 mm×350 mm"，单击"编辑类型"按钮，系统弹出"类性属性"对话框。修改类型参数的"计算规则"，"最大踢面高度"为142 mm，"最小踏板深度"为350 mm，"最小梯段宽度"为7 000 mm，如图2-13-8所示。在楼梯"属性"面板中选择"2F楼层入口处综合楼梯284 mm×700 mm"，单击"编辑类型"按钮，系统弹出"类性属性"对话框。修改类型参数的"计算规则"，"最大踢面高度"为284 mm，"最小踏板深度"为700 mm，"最小梯段宽度"为2 500 mm，对计算规则不予修改，如图2-13-9所示。

图2-13-6　　　　　　　　　　　　　　　　图2-13-7

图2-13-8　　　　　　　　　　　　　　　　图2-13-9

（7）"2F楼层入口处综合楼梯142 mm×350 mm"的构造属性中，踢断类型为"150 mm结构深度 楼梯1"；"构造"属性中"下侧表面"修改为"平滑式"，"构造深度"修改为150mm；"材质和装饰"属性中"整体式材质"修改为"混凝土-现场浇注混凝土-C20"，"踏板材质"和"踢面材质"修改为"1F 综合楼梯 踏板 踢满 大理石"；在"踏板"属性中勾选"踏板"，"踏板厚度"修改为15 mm，"踏板轮廓"修改为"楼梯踏板轮廓335"，"楼梯前缘长度"为15 mm，"楼梯前缘轮廓"修改为"踢面前缘轮廓族"，"应用楼梯前缘轮廓"修改为"仅前侧"。在"踢面"属性中勾选"踢面"，"踢面厚度"修改为15 mm，不勾选"斜梯"，"踢面轮廓"修改为"默认"，"踢面到踏板的连接"修改为"踏板延伸至踢面下"，如图2-13-10所示。

（8）"2F楼层入口处综合楼梯284 mm×700 mm"的构造属性中，踢断类型为"150 mm结构深度 楼梯2"，与上述综合楼梯142 mm×350 mm的踏板轮廓不同，修改为"楼梯踏板轮廓715"，其余相同，如图2-13-11所示。

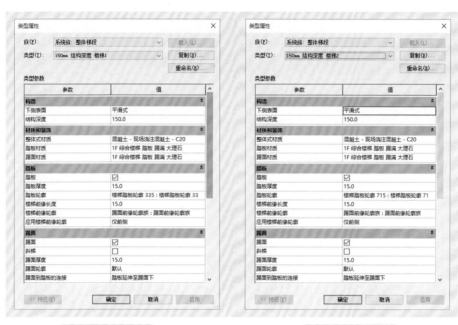

图2-13-10   图2-13-11

2.13.2 楼梯的创建

（1）首先绘制参照平面用于绘制楼梯的定位线，从左到右尺寸间隔为3 500 mm、1 400 mm、2 100 mm、1 250 mm、1 250 mm、3 500 mm、3 500 mm、1 250 mm、1 250 mm、2 100 mm、1 400 mm、3 500 mm，从上到下尺寸间隔为5 950 mm、2 500 mm、350 mm、5 450 mm，如图2-13-12所示。

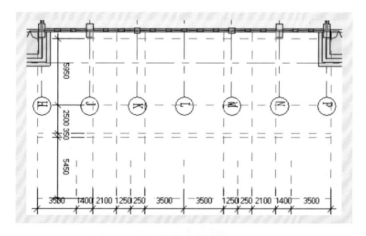

图 2-13-12

（2）在"修改|创建楼梯"选项卡的"构件"面板中，确认激活"梯段"和"直梯"命令。

（3）设置"定位线"为"梯段：中心"，"偏移"为"0.0"；"实际梯段宽度"为"7 000.0"，勾选"自动平台"选项，如图2-13-13所示。

图2-13-13

（4）修改限制条件，"底部标高"为"室外地坪"，"顶部标高"为"2F"，"底部偏移"和"顶部偏移"设置为"0.0"。"尺寸标注"中"所需踢面数"修改为"36"，"实际踏板深度"修改为"350"，如图2-13-14所示。

（5）沿参照平面绘制"2F楼层入口处综合楼梯142 mm×350 mm"，如图2-13-15所示。

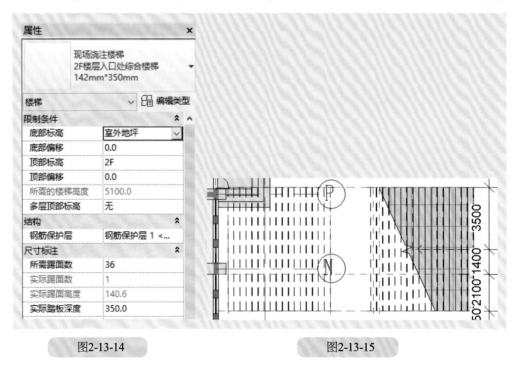

图2-13-14   图2-13-15

（6）在"修改|创建楼梯"选项卡的"构件"面板中，确认激活"梯段"和"直梯"命令。

（7）设置"定位线"为"梯段：中心"，"偏移"为"0.0"，"实际梯段宽度"为"2 500.0"，勾选"自动平台"选项，如图2-13-16所示。

图2-13-16

（8）修改限制条件，"底部标高"为"室外地坪"，"顶部标高"为"2F"，"底部偏移"和"顶部偏移"设置为"0.0"。"尺寸标注"中"所需踢面数"修改为"18"，"实际踏板深度"修改为"700.0"，如图2-13-17所示。

（9）沿参照平面绘制"2F楼层入口处综合楼梯142 mm×350 mm"，如图2-13-18所示。

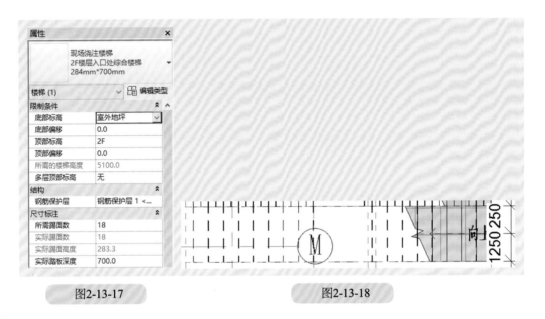

图2-13-17　　　　　　　　　　图2-13-18

（10）图书馆案例项目2F楼层入口处综合楼梯效果如图2-13-19所示。

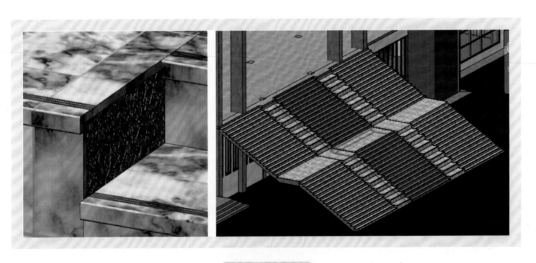

图2-13-19

2.14 创建栏杆扶手

2.14.1 栏杆的属性设置

（1）选取图书馆案例项目2F楼层综合大厅作为教材案例，打开2F楼层平面视图。

（2）单击"建筑"选项卡"楼梯坡道"面板中的"栏杆扶手"下拉箭头，在列表中选择"绘制路径"，在栏杆扶手"属性"面板中选择"任意常规栏杆扶手"，单击"编辑类型"按钮，系统弹出"类型属性"对话框，单击"复制"按钮，命名为"玻璃嵌板-底部填充"。

（3）在"类型属性"对话框中的"类型参数"面板里修改"栏杆偏移"为"0.0"，不使用平台高度调整，设置"斜接"为"添加垂直/水平线段"，设置"切线连接"为"延伸扶手使其相交"，设置"扶栏连接"为"修剪"。

在"顶部扶栏"中设置"高度"为"900.0"，设置"类型"为系统默认的"椭圆形-40×30 mm"，如图2-14-1所示。

栏杆偏移	0.0
使用平台高度调整	否
平台高度调整	0.0
斜接	添加垂直/水平线段
切线连接	延伸扶手使其相交
扶栏连接	修剪
顶部扶栏	
高度	900.0
类型	椭圆形 - 40x30mm

图 2-14-1

（4）在"类型属性"对话框中的"类型参数"面板里单击栏杆结构（非连接）后的"编辑"按钮，弹出"编辑扶手（非连续）"对话框，插入两个扶栏：扶栏1和扶栏2，分别设置"高度"为"800.0"和"700.0"，"偏移"均设置为"0.0"，"轮廓"均设置为"矩形扶手：20 mm"，"材质"均设置为"不锈钢，抛光"，如图2-14-2所示。

族：　栏杆扶手
类型：　玻璃嵌板 － 底部填充
扶栏

	名称	高度	偏移	轮廓	材质
1	扶栏 1	800.0	0.0	矩形扶手：20 mm	不锈钢、抛光
2	扶栏 2	700.0	0.0	矩形扶手：20 mm	不锈钢、抛光

图 2-14-2

（5）在“类型属性”对话框中的“类型参数”面板里单击栏杆位置后的“编辑”按钮，弹出“编辑栏杆位置”对话框，在“主样式”中设置“常规栏杆1”：“栏杆族”为“栏杆-扁钢立杆：50 × 12 mm”，设置“底部”为“主体”，设置“底部偏移”为“0.0”，设置“顶部”为“顶部扶栏图元”，设置“顶部偏移”为“0.0”，设置“相对前一栏杆的距离”为“0.0”。设置“常规栏杆2”：“栏杆族”为“嵌板-玻璃：800 mm”，设置“底部”为“主体”，设置“底部偏移”为“100.0”，设置“顶部”为“扶栏1”，设置“顶部偏移”为“-100.0”，设置“相对前一栏杆的距离”为“400.0”，如图2-14-3所示。

主样式(M)

	名称	栏杆族	底部	底部偏移	顶部	顶部偏移	相对前一栏杆的距离	偏移
1	填充图	N/A	N/A	N/A	N/A	N/A	N/A	N/A
2	常规栏	栏杆 - 扁钢立	主体	0.0	顶部	0.0	0.0	0.0
3	常规栏	嵌板 - 玻璃：8	主体	100.0	扶栏	-100.0	400.0	0.0
4	填充图	N/A	N/A	N/A	N/A	N/A	400.0	N/A

图 2-14-3

（6）在“支柱”中设置起点支柱：设置“栏杆族”为“栏杆-扁钢立杆：50 × 12 mm”，设置“底部”为“主体”，设置“底部偏移”为“0.0”，设置“顶部”为“顶部扶栏图元”，设置“顶部偏移”为“0.0”，设置“空间”为“2.0”，设置“偏移”为0.0。转角支柱：设置“栏杆族”为“栏杆-扁钢立杆：50 × 12mm”，设置“底部”为“主体”，设置“底部偏移”为“0.0”，设置“顶部”为“顶部扶栏图元”，设置“顶部偏移”为“0.0”，设置“空间”为“0.0”，设置“偏移”为“0.0”。终点支柱：设置“栏杆族”为“栏杆-扁钢立杆：50 × 12 mm”，设置“底部”为“主体”，设置“底部偏移”为“0.0”，设置“顶部”为“顶部扶栏图元”，设置“顶部偏移”为“0.0”，设置“空间”为“-2.0”，设置“偏移”为“0.0”，如图2-14-4所示。

图 2-14-4

2.14.2 栏杆的绘制

（1）绘制栏杆路径。勾选"链"，"偏移量"设置为"100"。设置栏杆属性的限制条件，设置"底部标高"为"2F"，设置"底部偏移"为"0.0"，设置"踏板/梯边梁偏移"为"0.0"，如图2-14-5所示。

（2）沿P轴、13号轴、J轴和11号轴绘制栏杆草图模型线，如图2-14-6所示。

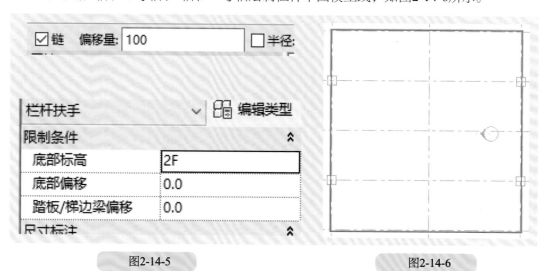

图2-14-5   图2-14-6

（3）单击完成2F图书馆大厅栏杆的绘制，如图2-14-7所示。

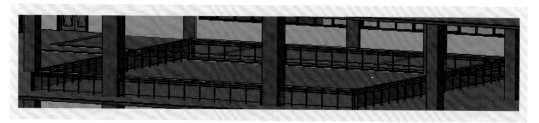

图 2-14-7

2.15 创建洞口

2.15.1 洞口的类型

Revit Architecture提供了"按面""竖井""墙""垂直"和"老虎窗"5种创建洞口的类型。可使用轮库边界嵌套的方式在楼板、天花板、屋顶和墙立面轮廓等位置处编辑创建，在创建这些构件的轮廓边界时，可以通过边界轮廓来生成楼梯间、电梯井等部位的洞口。

2.15.2 洞口的特点和创建

（1）切换至2F楼层平面视图，将鼠标移动至14~15号轴线与R~S轴线甲楼梯间位置处，如图2-15-1所示。单击"视图"选项卡"创建"面板中的"剖面"按钮，进入"剖面"视图编辑状态，如图2-15-2所示，自动切换至"修改|剖面"上下文选项卡。如图2-15-3所示，创建"剖面1"剖面视图，按Esc键两次完成剖面视图的创建并退出。

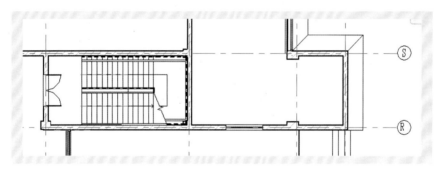

图 2-15-1

图 2-15-2

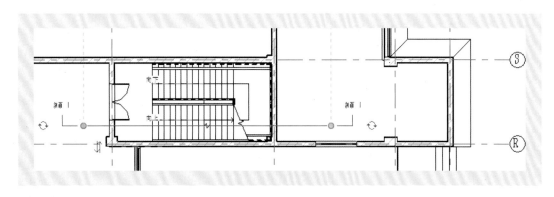

图 2-15-3

（2）单击"项目浏览器"列表中的"剖面（建筑剖面）"按钮，此时将自动生成"剖面1"剖面视图，如图2-15-4所示。单击鼠标右键选择"重命名"按钮，弹出"重命名视图"对话框，输入"楼梯甲剖面图"完成新名称命名，如图2-15-5所示。

图2-15-4   图2-15-5

（3）绘图区域如图2-15-6所示，显示出楼梯甲的剖面图，观察发现2F标高至6F（2区）标高范围内楼梯楼层平面位置处楼层连续布置，并没有将楼梯位置处的楼板修剪处理。在"视图"选项卡的"创建"面板中单击"默认三维视图"按钮，勾选"属性"对话框"范围"面板列表中的"剖面框"选项，如图2-15-7所示。绘图区域如图2-15-8所示，显示项目剖面框。单击剖面框将显示 ◂▸，单击 ◂▸ 进行剪切，如图2-15-9所示，观察发现每层楼梯楼层平面位置处楼层连续布置，并没有将楼梯位置处的楼板修剪处理。

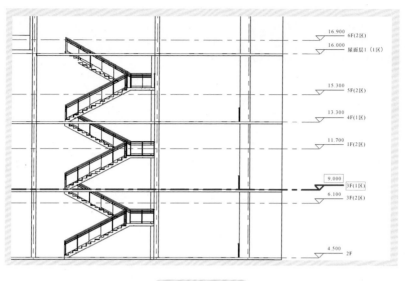

图 2-15-6

（4）切换至2F楼层平面视图，单击"建筑"选项卡"洞口"面板中的"竖井"按钮，如图2-15-10所示，自动切换至"修改|创建竖井洞口草图"上下文选项卡，单击"绘制"面板中的"边界线"和"直线"命令，如图2-15-11所示，确认选项栏中的"偏移"为"0.0"，不勾选"半径"选项，在"属性"对话框中修改"底部限制条件"为"2F"，修改"顶部约束"为"直到标高：6F（2区）"，修改"底部偏移"为"-300"，修改"顶部偏移"为"300"，即表示Revit Architecture将在2F标高之上300 mm至6F（2区）以下300 mm位置内创建竖井洞口，单击"模式"面板中的"完成"按钮完成竖井洞口的创建，如图2-15-12所示。

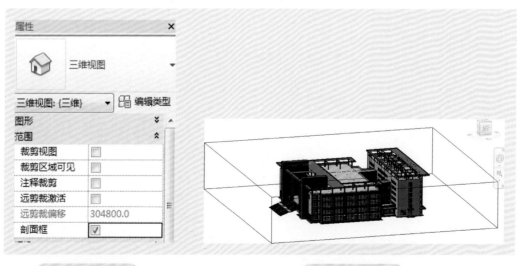

图2-15-7　　　　　　　　　　　　　　　　　　图2-15-8

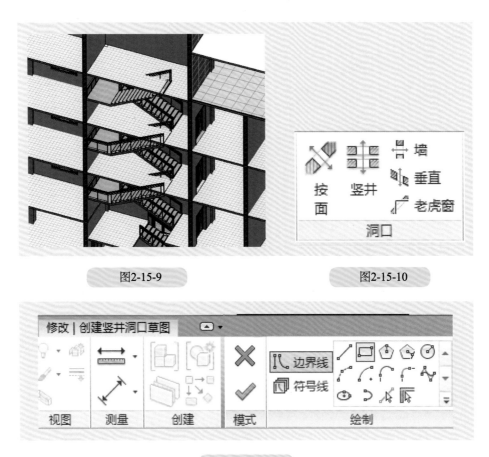

图2-15-9   图2-15-10

图 2-15-11

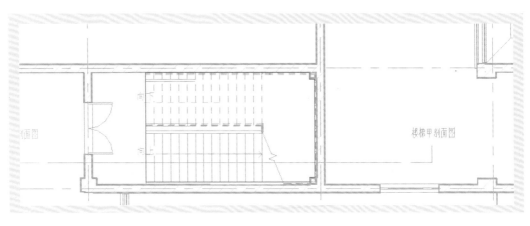

图 2-15-12

（5）单击进入"默认三维视图"和"楼梯甲剖面图"，观察发现2F标高至6F（2区）标高范围内楼梯楼层平面位置处楼层连续布置，已将楼梯位置处的楼板修剪处理，如图2-15-13所示。

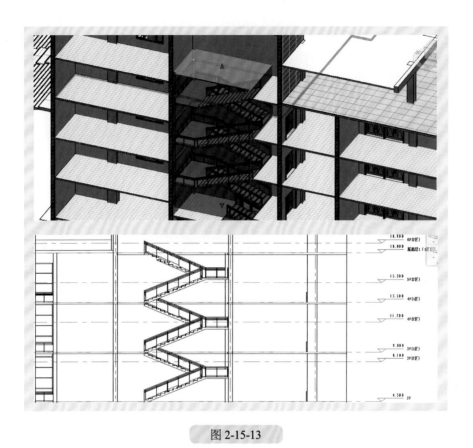

图 2-15-13

2.16 布置卫生间

（1）切换至2F楼层平面视图，移动鼠标至1区卫生间二处。

（2）单击"建筑"选项卡"构建"面板中的"构件"下拉按钮，在列表中选择"放置构件"选项，自动切换至"修改|放置 构件"上下文选项卡，如图2-16-1所示。

图 2-16-1

（3）Revit Architecture默认在放置构件时激活"在放置时进行标记"选项，但项目样板中无可用的标签族，系统弹出"未载入标记"对话框，如图2-16-2所示，单击"否（N）"按钮，不载入构件标记。

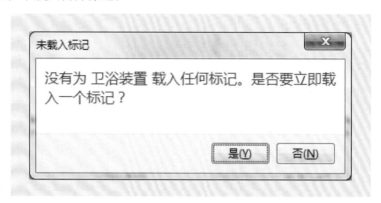

图 2-16-2

（4）单击"修改|放置 构件"上下文选项卡"模式"面板中的"载入族"选项，弹出"载入族"对话框，如图2-16-3所示，在"名称"列表中选择"建筑">"卫生器具">"3D">"常规卫浴">"蹲便器">"蹲便器1"，单击"打开"按钮，载入该族，依次载入"污水池""台盘""小便池"和"厕所隔断"族。

图 2-16-3

（5）在"属性"类型选择列表中选择"厕所13D中间或靠墙（150高地台）2"构件类型，按图2-16-4所示位置放置卫生间隔断，由于该族必须基于墙，单击放置侧墙体可以放置隔断。

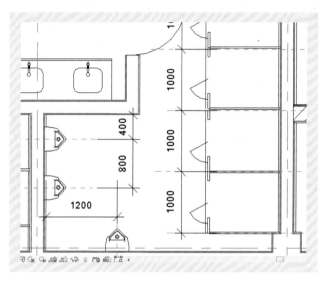

图 2-16-4

2.17 添加雨篷

（1）选取图书馆案例项目2F楼层综合大厅处雨篷作为教材案例，如图2-17-1所示，打开2F楼层平面视图。

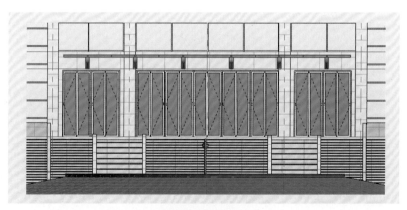

图 2-17-1

（2）新建一个"基于面"的公制常规模型，命名为"工字钢玻璃雨篷"，修改"族参数"和"族类别"为"场地族"。

（3）工字钢玻璃雨篷族主要是用实心拉伸工具 ，用参照平面定位拉伸的长度，在对齐拉伸图形时一定要把拉伸平面与参照平面进行锁定，在对齐时可能遇到的是斜线，这时将参照平面与斜线的端点进行对齐锁定。在绘制圆形"草图参照线"时，将"中心标记可见"打开，与参照平面对齐锁定，单击半径的临时尺寸标记给予参数或锁定。

（4）给定4个关联族参数，分别是："工字钢前缘直径=工字钢前缘半径×2""工字钢前缘半径=工字钢厚度/4""工字钢前缘内半径=工字钢前缘半径－工字钢片厚度""雨篷板沿出长度=支持1×2"，如图2-17-2所示。工字钢玻璃雨篷族单族的属性参数如图2-17-3～图2-17-5所示。

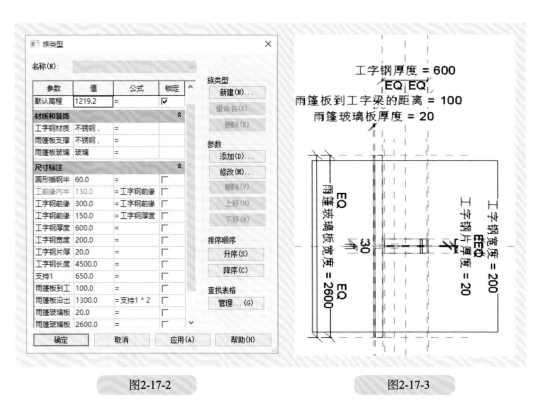

图2-17-2　　　　　　　　　　　　　图2-17-3

（5）完成单个工字梁雨篷族后，选择单个工字梁雨篷和参照平面，用阵列工具阵列5个工字梁雨篷，给予阵列相邻的两个单个工字梁雨篷一个工字梁单宽参数，参数值设置为2 600 mm，单击阵列组给予阵列个数一个参数，命名为"工字梁单跨数"，如图2-17-6所示。

（6）在图书馆案例项目的三维模式下，找到2F楼层综合大厅处。打开"项目浏览器"，找到族文件下场地文件，单击"场地"选项，用鼠标右键单击雨篷族创建实例，将鼠标移到2F楼层综合大厅处，单击放置。修改工字钢玻璃雨篷族参数，设置立面高度为9 000 mm。

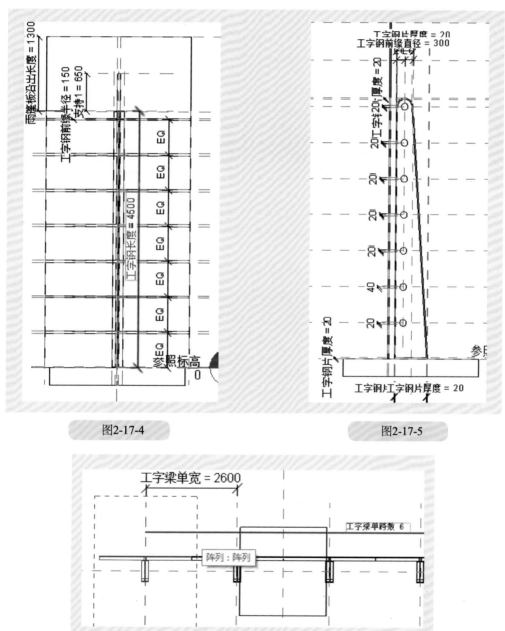

图2-17-4 　　　　　　　　　　　　　　　　图2-17-5

图2-17-6

2.18 添加模型文字

（1）单击"建筑"选项卡"模型"面板中的"模型文字"按钮，系统自动弹出"工作平面"对话框，选择"拾取一个平面"，如图2-18-1所示，选择拾取R~S轴与17号轴交接处图书馆外墙，系统自动弹出"类型参数"对话框，输入文字"图书馆"后单击"确定"按钮。

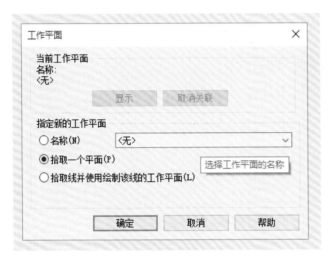

图 2-18-1

（2）修改"图书馆"项目"类型参数"中的"文字字体"为"@华文行楷"，设置"文字大小"为"2 000.0"，如图2-18-2所示。

图 2-18-2

（3）修改"图书馆"项目文字的材质为红色塑料，深度为150，完成绘制，如图2-18-3所示。

图 2-18-3

2.19 创建房间

2.19.1 房间的添加

（1）如图2-19-1所示，切换至2F楼层平面视图2区部分，单击"建筑"选项卡"房间和面积"面板中的下拉箭头，展开"房间和面积"面板，选择"面积和体积计算"选项，系统弹出"面积和体积计算"对话框，如图2-19-2所示，选择"计算"选项卡中确定"体积计算"＞"按面层面计算体积"＞"仅按面积（更快）"，选择"房间面积计算"＞"在墙核心层中心（C）"。完成后单击"确定"按钮，退出"面积和体积计算"对话框。

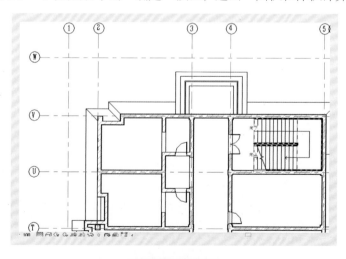

图 2-19-1

图 2-19-2

（2）单击"建筑"选项卡"房间和面积"面板中的"房间"选项，自动切换至"修改|放置房间"上下文选项卡，进入房间添加模式，设置"属性"面板中的房间类型为"标记_房间-有面积-施工-仿宋-3 mm-0-67"，如图2-19-3所示，确认激活"在放置时进行标记"选项，修改"属性"列表中的"上限"为"2F"，"高度偏移"为"2 438.4"，"底部偏移"为"0.0"。

图 2-19-3

（3）移动鼠标至任意房间位置，Revit Architecture将高亮蓝色显示并自动搜索房间边界，单击鼠标左键放置房间，同时，生成房间标记并显示房间名称和房间面积，按Esc键两次完成并退出放置房间模式，如图2-19-4所示。

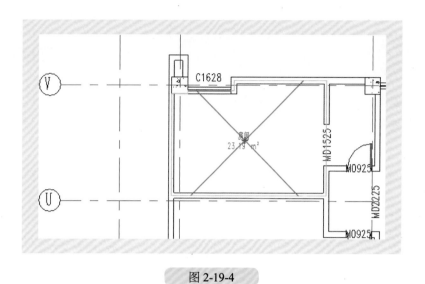

图 2-19-4

（4）单击已创建的"房间"，自动切换至"修改|房间标记"上下文选项卡，输入新名称"女卫"，按Enter键完成并退出编辑房间模式，如图2-19-5所示。

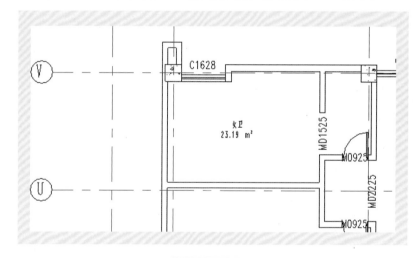

图 2-19-5

2.19.2 房间分割线的添加

单击"建筑"选项卡"房间和面积"面板中的"房间分隔"选项，进入放置房间分隔模式。自动切换至"修改|放置 房间分隔"选项卡，确认"绘制"面板中的绘制模式为"直线"，如图2-19-6所示。按图2-19-7所示绘制盥洗间入口处拦水线位置的房间分隔线。

第 1 篇

第 2 篇

第 3 篇

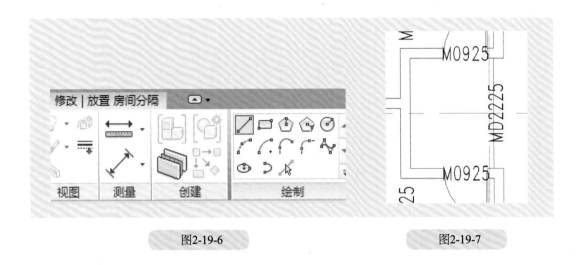

图2-19-6   图2-19-7

2.19.3　房间标记的添加

单击"建筑"选项卡"房间和面积"面板中的下拉箭头，展开"房间和面积"面板，选择"颜色方案"选项进行房间图例方案设置，系统自动弹出"编辑颜色方案"对话框，修改"方案定义"列表中的"标题"选项，输入"2F盥洗间图例"，确定"颜色"列表为"名称"，如图2-19-8所示，单击"确定"按钮完成颜色方案设置。

图 2-19-8

2.19.4 面积的添加

（1）单击"建筑"选项卡"房间和面积"面板中的"面积"下拉箭头，选择"面积平面"选项，弹出"新建面积平面"对话框，如图2-19-9所示，选择面积类型为"3F（2区）"。

图2-19-9

（2）Revit Architecture弹出图2-19-10所示的对话框，询问用户是否要自动创建与外墙关联的面积边界线，单击"否（N）"按钮。单击"建筑"选项卡"房间和面积"面板中的"面积边界"选项，系统自动切换至"放置|修改面积边界"上下文选项卡，确认当前绘制方式为拾取线，不勾选"应用面积规则"选项，"偏移量"沿2F面积平面视图中外墙外轮廓拾取，生成首尾相连的面积边界线，如图2-19-11所示。

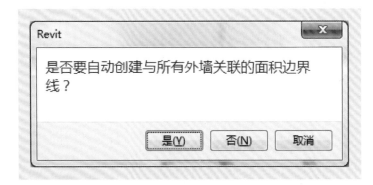

图 2-19-10

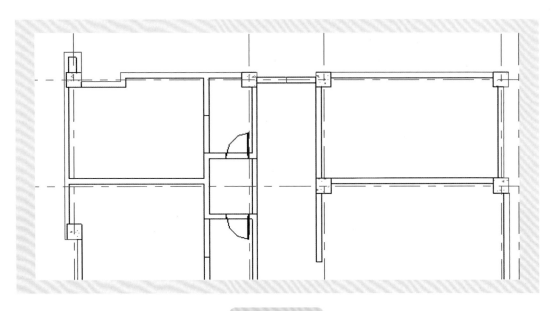

图 2-19-11

（3）单击"建筑"选项卡"房间和面积"面板中的"面积"下拉箭头，选择"面积"选项，确认"属性"面板中"类型属性"列表中面积标记类型为"标记-面积"，确认激活"在放置时进行标记"选项，不勾选"引线"选项，移动鼠标至上一步绘制的面积边界线内单击，在该面积边界线区域内生成面积，按Esc键退出放置面积模式。修改"属性"面板中"类型属性"列表中的"编号"为"1"，"名称"为"面积"，"面积类型"为"楼层面积"。

2.20 创建场地和场地构件

2.20.1 导入场地设置

（1）单击"体量和场地"选项卡"场地建模"面板中的"地形表面"按钮，系统自动切换至"修改|编辑表面"上下文选项卡，在编辑表面的工具栏中有两种创建地形表面模型的工具，分别是"放置点"工具和"通过倒入创建"工具。利用"放置点"工具可在绘制区域内放置高程点定义地形表面，在选项栏中可以指定高程点，也可以在放置完成之后修改高程。利用"通过导入创建"工具可通过导入DWG、DXF、DGN和CSV文件的三维等高线数据或者土木工程软件生成的高程点文件，自动生成地形表面。

（2）导入"图书馆 总平图"DWG文件，单击"插入"选项卡"导入"面板中的"导入CAD"按钮，系统自动弹出"导入CAD格式"对话框，选择导入文件为"图书馆 总平图"，导入文件类型为DWG文件，将"颜色"设置为保留，将"图层/标高"设置为"全部"，将"导入单位"设置为"厘米"，勾选"纠正稍微偏离轴的线"，将"定位"设置为"自动-原点到原点"，将"放置于"设置为"室外地坪"，勾选"定向到视图"，如图2-20-1所示单击"打开"按钮，这时系统经过简单的运算，由于没有定位项目基点和测量点，CAD图纸和Revit Architecture图纸没有重合到一起，需要单击解锁CAD图元，使用移动工具将CAD图纸移动与Revit Architecture图纸重合，如图2-20-2所示。

图 2-20-1

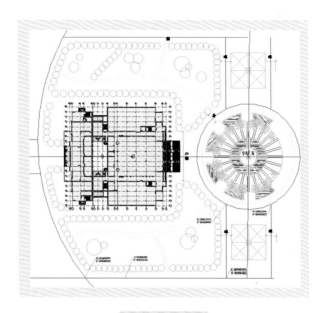

图 2-20-2

2.20.2 地形表面的创建

（1）单击"体量和场地"选项卡"场地建模"面板中的"地形表面"按钮，系统自动弹出"修改|编辑表面"上下文选项卡，在编辑表面的工具栏中选择通过放置点的形式创建地形表面。沿道路中线（红色）放置高程为-600 mm的放置点（因为图书馆案例文件的室外地坪的绝对高程值为-600 mm），如图2-20-3所示，单击完成。修改材质为草地，如图2-20-4所示。

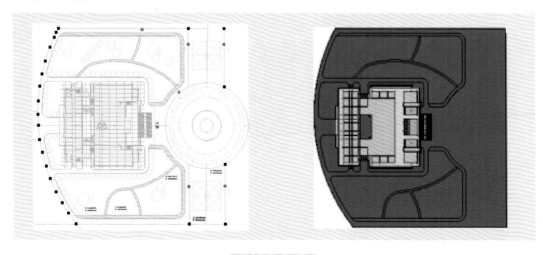

图 2-20-3

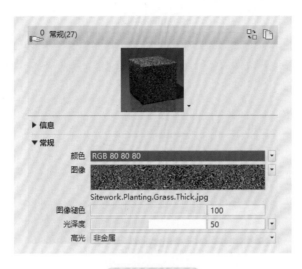

图 2-20-4

（2）单击"体量和场地"选项卡"场地建模"面板中的"地形表面"按钮，系统自动弹出"修改|创建地坪">"编辑边界"选项卡，在"绘制"工具栏中选择拾取线创建建筑地坪。拾取黄色的马路外边线，使用"修改"选项卡中的"修改/延伸"作为角工具 对拾取的<草图>模型进行修改，使其生成一个闭合的图形，如图2-20-5所示，单击"完成"按钮 。在"修改建筑地坪"对话框中新建一个建筑地坪，将属性材质设置为"沥青、人行道"，其效果如图2-20-6所示。

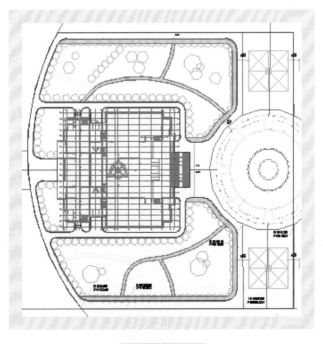

图 2-20-5

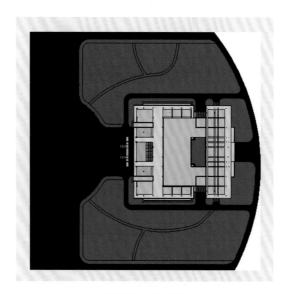

图 2-20-6

（3）单击"体量和场地"选项卡"场地建模"面板中的"地形表面"按钮，系统弹出"修改|创建地坪">"编辑边界"选项卡，在"绘制"工具栏中选择拾取线创建建筑地坪。拾取沥青马路外边线，再次使用拾取线命令设置偏移值为3 200 mm，拾取刚才绘制的<草图>模型线，使用"修改"选项卡中的"修改/延伸"作为角工具 对拾取的<草图>模型线进行修改，使其生成一个闭合的图形，如图2-20-7所示，单击"完成"按钮 。在"修改建筑地坪"对话框中新建一个建筑地坪，将属性材质设置为"花坛人行道"，如图2-20-8所示。用相同的方法绘制北侧人行道，如图2-20-9所示。

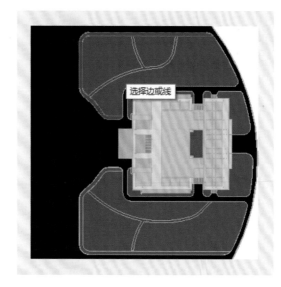

图 2-20-7

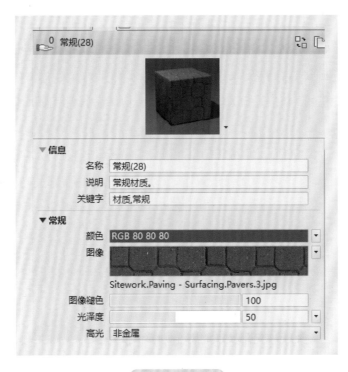

图 2-20-8

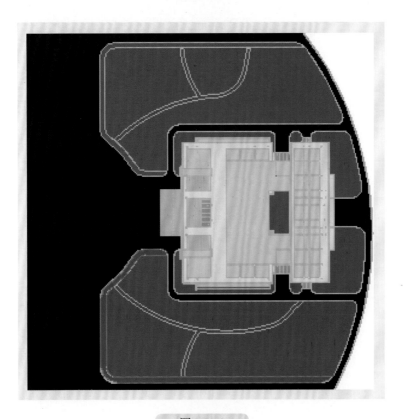

图 2-20-9

（4）在"绘制"工具栏中选择拾取线创建建筑地坪。拾取沥青马路外边线，再次使用拾取线命令设置偏移值为2 000 mm，拾取上一步绘制的<草图>模型线，使用"修改"选项卡中的"修改/延伸"作为角工具 ，对拾取的<草图>模型线进行修改，使其生成一个闭合的图形，修改"限制条件"为"室外地坪"，自标高的高度偏移值设置为180 mm，单击"完成"按钮 。在"修改建筑地坪"对话框中新建一个建筑地坪，将属性材质设置为"花坛鹅卵石人行道"。用相同的方法绘制北侧人行道。

（5）在"绘制"工具栏中选择拾取线创建建筑地坪。拾取花坛内鹅卵石人行道外边线和沥青人行道外边线，绘制马路牙的<草图>模型线，单击"完成"按钮 ，如图2-20-10所示。

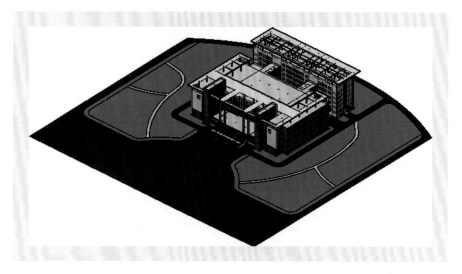

图 2-20-10

2.20.3 场地构件的放置

（1）单击"插入"选项卡"从库中载入"面板中的"载入族"按钮，插入"花坛"和"室外灯5"族rfa文件。

（2）打开"项目浏览器"面板，找到族文件，在场地文件中用鼠标右键单击"花坛"创建实例。将鼠标移动到中心广场处单击放置，修改花坛的类型参数材质：1、（2、3、4）、5、（6、7、9）、（10、11）、12为"花岗岩，挖方，粗糙""1F 综合楼梯 踏板 踢满 大理石""鹅卵石 人行道""瓷砖，机制""1F 综合楼梯 踏板 踢面 大理石""土壤"，如图2-20-11所示。

（3）单击"建筑"选项卡"构建"面板中的"构件"下拉箭头，在列表中选择"放置构件"，在"属性"面板中选择"室外灯5　W1280×D330×H4400mm"，设置"类型参数"中"灯泡材质"为玻璃，"腿材质"为"支架"，"灯"为"ET-18"，"瓦特备注"为"400"，"光源符号尺寸"为"609.6"。在"属性"面板里将"限制条件"中的"标高"设置为"室外地坪"，将"偏移量"设置为"180.0"，如图2-20-12所示。

类型参数	
参数	值
材质和装饰	
1	花岗岩，挖方，粗糙
10	1F 综合楼梯 踏板 踢板 大理石
11	1F 综合楼梯 踏板 踢板 大理石
12	主楼
2	1F 综合楼梯 踏板 踢板 大理石
3	1F 综合楼梯 踏板 踢板 大理石
4	1F 综合楼梯 踏板 踢板 大理石
5	鹅卵石 人行道
6	瓷砖，机制
7	瓷砖，机制
9	瓷砖，机制

限制条件	
标高	室外地坪
主体	标高: 室外地坪
偏移量	180.0
与邻近图元一同移动	☐
材质和装饰	
灯泡材质	玻璃
腿材质	支架
电气	
灯	ET-18
瓦特备注	400

图2-20-11　　　　　　　　　　　　　　　　图2-20-12

（4）在中心广场正上方放置一个室外灯5，按空格键可以调整旋转方向。使用阵列工具激活 ⊡ 角度阵列，勾选"成组并关联"，更改"项目数"为"9"，在"移动到"选项中勾选"最后一个"，设置"角度"为"180"，如图2-20-13所示。

图 2-20-13

将旋转点拖动到广场中心处 ✳，把旋转的另一端放置在室外灯5处，逆时针旋转180°，单击鼠标完成。完成场地构件的放置，如图2-20-14所示。

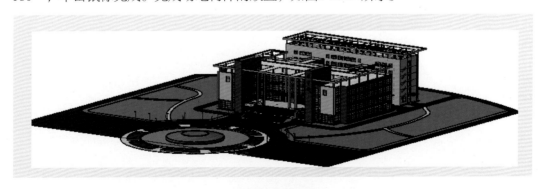

图 2-20-14

2.21 立面设计

（1）在"项目浏览器"中单击进入东立面视图，打开"视图"选项卡，在"图形"面板中单击进入"可见性/图形"按钮，系统弹出"立面：A~W东立面图的可见性/图形替换"对话框。由于这是建筑图纸，所以在图纸中只选择建筑图元，在"模型类别"选项卡中勾选"HVAC区""专用设备""停车场""卫浴装置""喷头""地形""场地""坡道""墙""天花板""安全设备""屋顶""常规模型""幕墙嵌板""幕墙竖梃""幕墙系统""房间""柱""栏杆扶手""植物""楼板""楼梯""火警设备""灯具""照明设备""环境""窗""门""竖井洞口""结构柱"，如图2-21-1所示。

图 2-21-1

（2）在"注释类别"选项卡中不勾选"参照平面""参照点""参照线"，如图2-21-2所示。

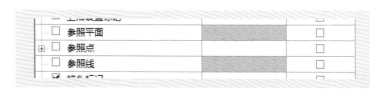

图 2-21-2

（3）在"导入的类别"选项卡中不勾选"图书馆总平图1.dwg"和"在族中导入"，如图2-21-3所示。

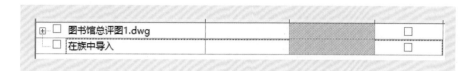

图 2-21-3

（4）单击标高，在"属性"面板中单击"编辑类型"按钮，系统弹出"类型属性"对话框。在"类型属性"对话框中，修改标高标头为上标头，修改图形颜色为灰色，如图2-21-4所示。在"类型属性"对话框中，修改标高标头为正负零标头，修改图形颜色为灰色，如图2-21-5所示。在"类型属性"对话框中，修改标高标头为下标头，修改图形颜色为黑色，修改线宽为10，如图2-21-6所示。

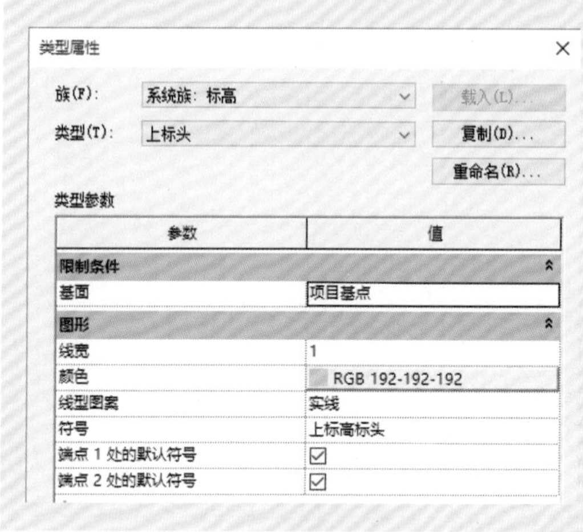

图2-21-4

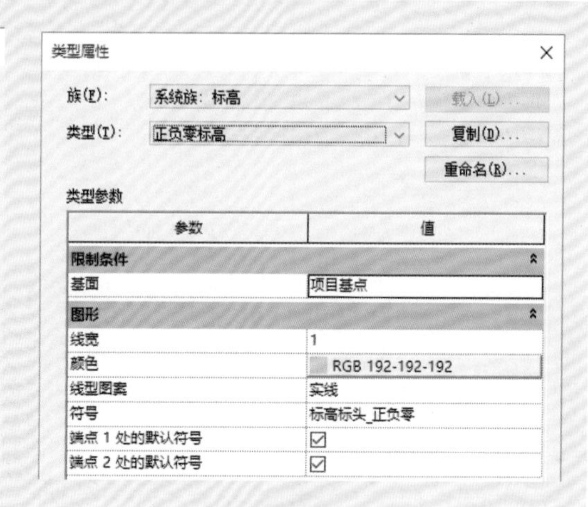

图2-21-5

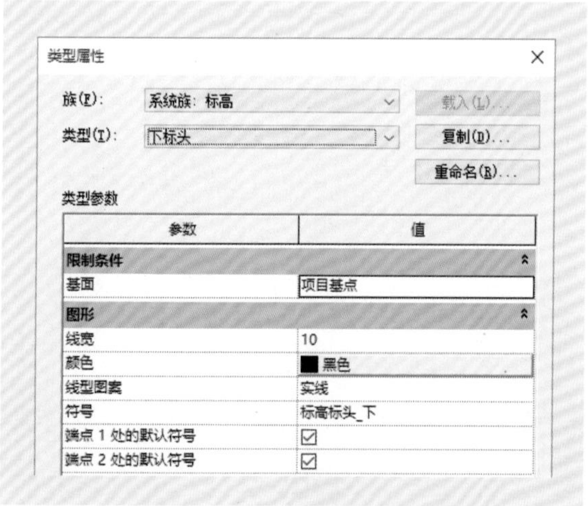

图 2-21-6

（5）选择A号、B号轴线，在"属性"面板中单击"编辑类型"按钮，系统弹出"类型属性"对话框，单击"复制"按钮命名为"6.5 mm编号 出图"，在"类型属性"对话框中的"类型参数"选项区域，修改"轴线中段"为"自定义"，"轴线中段宽度"为"2"，"轴线中段填充图案"为"实线"，"轴线中段颜色"为"黑色"，"轴线末段宽度"为"2"，"轴线末段填充图案"为"实线"，"轴线末段颜色"为"黑色"，"轴线末段长度"为"25.0"，如图2-21-7所示。选择B~V号轴线，在"属性"面板中单击"编辑类型"按钮，系统弹出"类型属性"对话框，在"类型参数"选项区域，修改"轴线末段"为"自定义"，"轴线末段宽度"为"1"，"轴线末段填充图案"为"轴网线"，"轴线末段颜色"为"灰色"，"轴线末段长度"为"25"，如图2-21-8所示。

（6）输入快捷键DI进行尺寸标注，标注东立面图的标高，如图2-21-9所示。

图2-21-7 图2-21-8

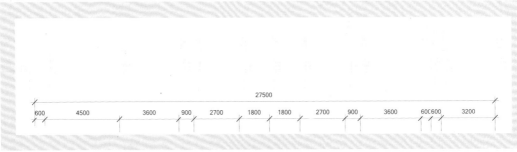

图 2-21-9

（7）调整"图纸比例"为"1：200"，调整"详细程度"为"精细"，调整"视觉样式"为"隐藏线模式"。打开显示剪裁区域框，调整剪裁框，如图2-21-10所示，关闭剪裁区域框。

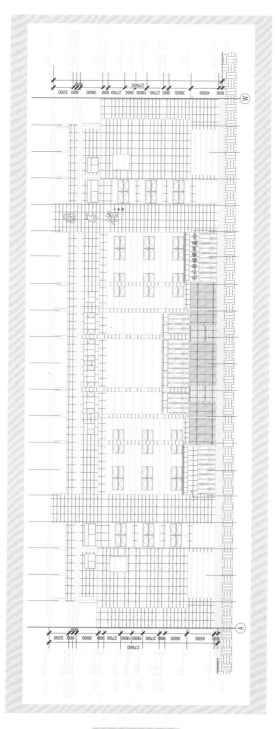

图 2-21-10

（8）单击"视图"选项卡"图纸组合"面板中的"图纸"按钮，系统弹出"新建图纸"对话框，单击"载入"按钮，载入默认路径中的A2图纸，返回"新建图纸"对话框，选择"A2公制"图纸后单击"确定"按钮。在"项目浏览器"面板中打开"图纸"，重命名编号为"A01"，名称为"图书馆东立面图"。选择"视图"选项卡"图纸组合"面板中的"图纸"按钮，系统弹出"新建图纸"对话框，在列表中找到"立面东立面图"后单击"在图纸中添加视图"按钮，在图纸的适当位置单击放置。修改视图名称为"A-W东立面图"，如图2-21-11所示。

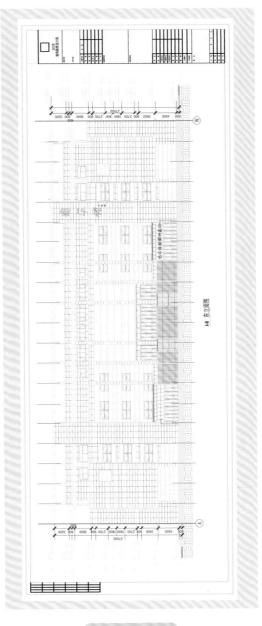

图 2-21-11

2.22　剖面设计

（1）在"项目浏览器"中单击进入东立面视图，打开"视图"选项卡，在"图形"面板中单击"可见性/图形"按钮，系统弹出"立面：A~W东面的可见性/图形替换"对话框。由于这是建筑图纸，所以，在图纸中只选择建筑图元，在"模型类别"选项卡中勾选"HVAC区""专用设备""停车场""卫浴装置""喷头""地形""场地""坡道""墙""天花板""安全设备""屋顶""常规模型""幕墙嵌板""幕墙竖梃""幕墙系统""房间""柱""栏杆扶手""植物""楼板""楼梯""火警设备""灯具""照明设备""环境""窗""门""竖井洞口""结构柱"；在"导入类别"选项卡中不勾选"图书馆总评图1.dwg"和"在族中导入"；在"注释类别"选项卡中不勾选"参照平面""参照点""参照线"，如图2-22-1~图2-22-3所示。

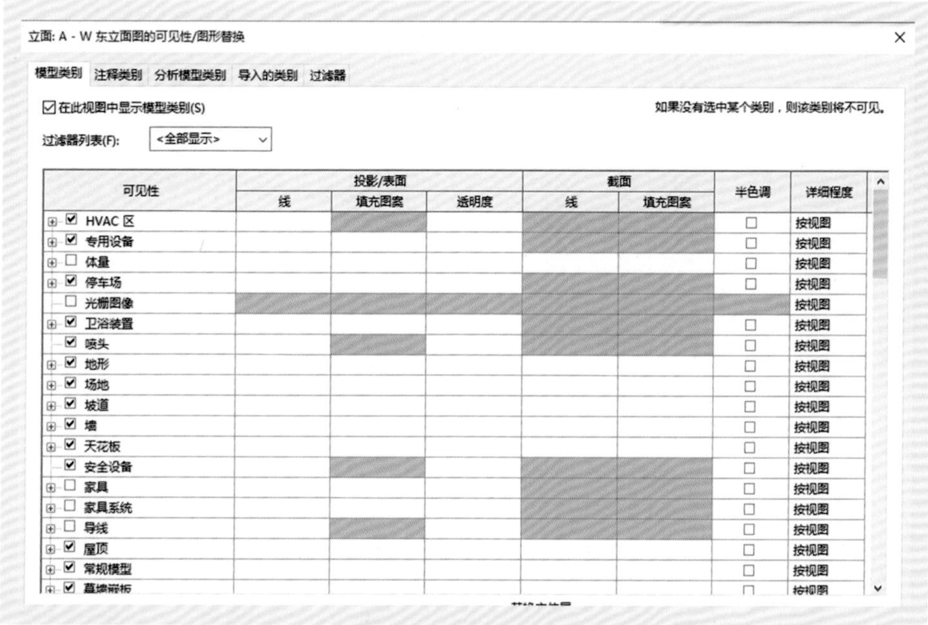

图 2-22-1

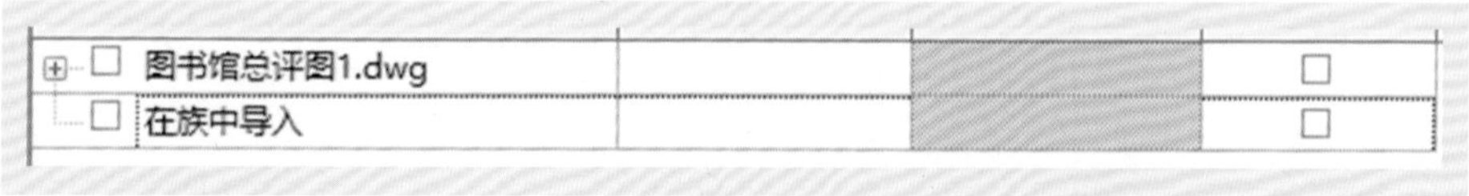

图 2-22-2

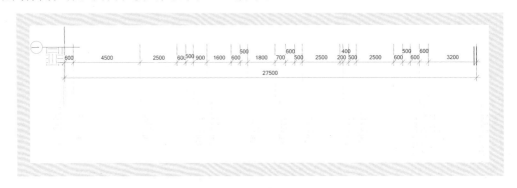

图 2-22-3

（2）在楼梯丙剖面图中输入快捷键DI，对其进行尺寸标注，标注楼梯丙剖面图的南北向标高，标注门窗和楼层，如图2-22-4所示。

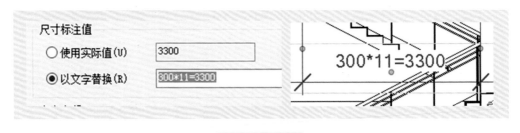

图 2-22-4

（3）标注F1~F5楼梯尺寸，双击楼梯踢面和踏面尺寸上面的尺寸，将其3 300、5 100和1800、2700的标注样式修改为："300×11=3 300""300×17=5 100"和"150×12=1 800""150×18=2 700"。在双击楼梯踢面和踏面尺寸上面的尺寸时，系统自动弹出"尺寸标注文字"对话框，在对话框中选择"以文字替换"，在后面输入相应的标注样式文字，如图2-22-5所示。

图 2-22-5

（4）载入族文件"2D剖面梁"，在"项目浏览器"中的族树里，找到2D剖面梁中的"矩形梁"，单击创建实例，分别在楼板与墙交界处和楼梯平台板处放置，如图2-22-6所示。

（5）调整图纸比例为1：200，调整"详细程度"为"精细"，调整"视觉样式"为"隐藏线模式"。打开显示剪裁区域框，调整剪裁框，然后关闭剪裁区域框。

（6）单击"视图"选项卡"图纸组合"面板中的"图纸"按钮，系统弹出"新建图纸"对话框，单击"载入"按钮，载入默认路径中的A2图纸，返回"新建图纸"对话框，选择"A2公制"图纸后单击"确定"按钮。在"项目浏览器"面板中打开"图纸"，重命名编号为"A02"，名称为"楼梯丙剖面图"。选择"视图"选项卡"图纸组合"面板中的"图纸"按钮，系统弹出"新建图纸"对话框，在列表中找到"立面东立面图"后单击"在图纸中添加视图"按钮，在图纸的适当位置单击放置。修改视图名称为"楼梯丙剖面图"，如图2-22-7所示。

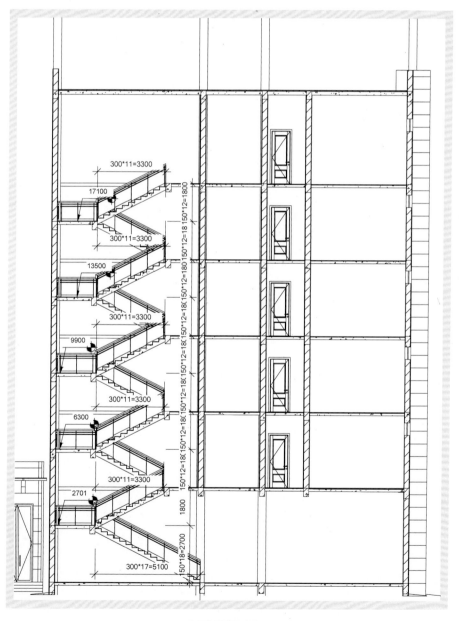

图 2-22-6

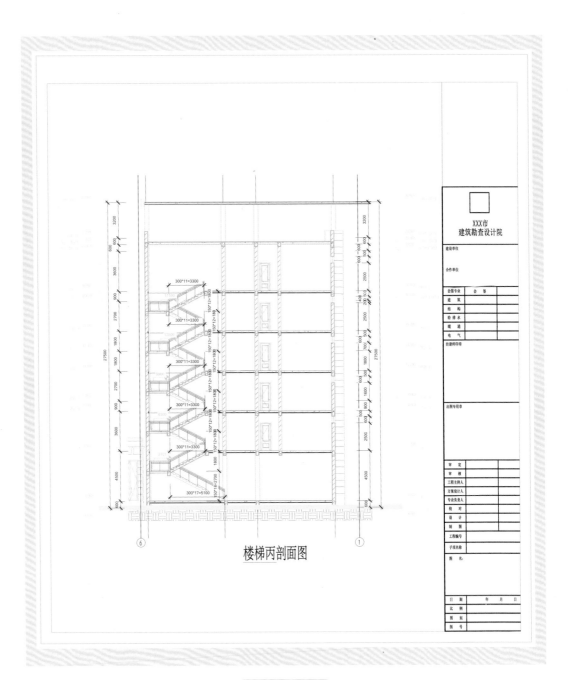

楼梯丙剖面图

图 2-22-7

2.23 建筑模型文件

本小节内容请扫描以下二维码：

CHAPTER

03

第 三 篇

模型应用举例

3.1 结构模型文件

结构模型文件请扫以下二维码：

MDB-1-1

MDB-2-2

MDB-3-3

MDB-4-4

MDB-5-5

MDB-6-6

MDB-7-7

TG_MDB-1-1

TG_MDB-2-2

TG_MDB-3-3

TG_MDB-4-4

TG_MDB-5-5

TG_MDB-6-6

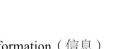

3.2 建筑设计模型与结构设计模型

BIM需要解决的不仅是Model（模型）的问题，更重要的是解决Information（信息）的问题。在建筑设计领域，建筑和结构专业模型的问题已经基本解决，目前需要解决的是如何在模型的基础上附着信息。

在以往的建筑设计中，专业人员只负责本专业的技术设计，出具蓝图后，由施工企业委托概预算人员进行工程量及材料用量的统计，计算成本，评估项目的盈利情况。项目建成后出具竣工图，由后续的物业公司进行管理。最终的结果是，项目的实际运作和最初的蓝图可能相差很远。BIM就是要在设计阶段解决这些问题。

从结构专业来讲，以往的工作是根据建筑平面图，首先用结构计算软件建立整体模型进行计算分析，然后根据计算结果绘制平面施工图。传统的建筑结构设计多采取二维CAD绘图的方式，其设计一般在建筑初步设计过程中介入。工程师在建筑设计的基础上，根据总体设计方案及规范规定进行结构选型、构件布置、分析计算优化、节点深化、施工图文件的绘制，见表3-2-1和表3-2-2。

表 3-2-1　勘察设计 BIM 应用

勘察设计 BIM 应用的内容	勘察设计 BIM 应用价值分析
1. 设计方案论证	设计方案比选与优化，提出性能、品质最优的方案
2. 设计建模	（1）三维模型展示与漫游体验，很直观； （2）建筑、结构、机电各专业协同建模； （3）参数化建模技术实现一处修改，相关联内容智能变更； （4）避免错、漏、碰、缺发生
3. 能耗分析	（1）通过 IFC 或 gbxml 格式输出能耗分析模型； （2）对建筑能耗进行计算、评估，进而开展能耗性能优化； （3）能耗分析结果存储在 BIM 模型或信息管理平台中，便于后续应用
4. 结构分析	（1）通过 IFC 或 Structure Model Center 数据计算模型； （2）开展抗风、抗震、抗火等结构性能设计； （3）结构计算结果存储在 BIM 模型或信息管理平台中，便于后续应用
5. 光照分析	（1）建筑、小区日照性能分析； （2）室内光源、采光、景观可视度分析； （3）光照计算结果存储在 BIM 模型或信息管理平台中，便于后续应用

勘察设计 BIM 应用的内容	勘察设计 BIM 应用价值分析
6. 设备分析	（1）管道、通风、负荷等机电设计中的计算模型、分析模型输出； （2）冷、热负荷计算分析； （3）舒适度模拟； （4）气流组织模拟； （5）设备分析结果存储在 BIM 模型或信息管理平台中，便于后续应用
7. 绿色评估	（1）通过 IFC 或 gbxml 格式输出绿色评估模型； （2）建筑绿色性能分析，其中包括规划设计方案分析与优化；节能设计、数据分析与优化；建筑遮阳与太阳能利用；建筑采光与照明分析；建筑室内自然通风分析；建筑室外绿化环境分析；建筑声环境分析；建筑小区雨水采集和利用； （3）绿色分析结果存储在 BIM 模型或信息管理平台中，便于后续应用
8. 工程量统计	（1）BIM 模型输出土建、设备统计报表； （2）输出工程量统计，与概预算专业软件集成计算； （3）概预算分析结果存储在 BIM 模型或信息管理平台中，便于后续应用
9. 其他性能分析	（1）建筑表面参数化设计； （2）建筑曲面幕墙参数化分格、优化与统计
10. 管线综合	各专业模型碰撞检测，提前发现错、漏、碰、缺等问题，减少施工中的返工和浪费
11. 规范验证	BIM 模型与规范、经验相结合，实现智能化的设计，减少错误，提高设计的便利性和效率
12. 设计文件编制	从 BIM 模型中出具二维图纸、计算书、统计表单，特别是详图和表达，可以提高施工图的出图效率，并能有效减少二维施工图中的错误

表 3-2-2 BIM 技术应用价值——设计阶段

BIM 技术应用价值——设计阶段	
方案设计	支持快速形成直观的设计方案，可以使开发建设单位更好地感受和把握设计方案，减少其在施工阶段提出设计变更的可能性，可减少浪费并节约工期
初步设计	支持对设计方案进行高效、充分的探讨，可以使设计单位在短时间内确定高质量的设计方案，可以让建设单位在不延长设计周期的同时获得高品质的工程设计结果
施工图设计	支持快速进行碰撞检查，不仅工作效率可以得到成倍提高，而且可以大幅度提高施工图的质量，可减少施工阶段的设计变更，缩短工期； 有效支持施工图的绘制，大大解放设计人员，从而使得他们更好地将精力集中于设计本身

　　将BIM模型引入结构设计后，BIM模型作为一个信息平台能对上述过程中的各种数据统筹管理，BIM模型中的结构构件同样也具有真实构件的属性和特性，记录了工程实施过程中的数据信息，也可被实时调用、统计分析、管理与共享。结构工程的BIM模型

应用主要包括结构建模、计算、规范校核、三维可视化辅助设计、工程造价信息统计、施工图文档的编制、其他有关的信息明细表的编制等，其包括构件及结构两个层次的相关附属信息，见表3-2-3。

表 3-2-3　BIM 结构模型中的数据信息

BIM 结构模型中的数据信息	
构件层次	BIM 模型可储存构件的材料信息、截面信息、方位信息和几何信息
整体结构层次	完整的三维实体信息模型提供基于虚拟现实的可视化信息，能对结构施工提供指导，能对施工中可能遇到的构件碰撞进行检测，能为软件提供结构用料信息的显示与查询，还包含供结构整体分析计算的数据
应用层次	BIM 模型采用参数化的三维实体信息描述结构单元，以梁、柱等结构构件为基本对象，而不再以 CAD 中的点、线、面等几何元素为对象； BIM 模型的核心技术是参数化建模，其涵盖所有构件的特征、节点的属性，对模型操作会保持构件在现实中的同步； 从三维 BIM 模型可以读取其中的结构计算所需的构件信息，绘制结构分析模型，三维实体模型在结构构件的布置上与结构计算分析模型完全一致，且同实际结构保持一致，同时，BIM 软件又可读取结构分析软件数据文件，将其转为自身的格式，实现建模过程中资源的共享，使项目管理共享协同能力得到提高

PKPM是一款面向建筑工程全寿命周期的集建筑、结构、设备设计于一体的集成化软件，Revit软件与其数据互连，等同于把PKPM和Revit在BIM的整个流程中结合起来，这样可以让设计人员在用Revit的同时，也可以用到PKPM结构分析软件，同时解决了BIM流程中不同建筑模型数据之间的相互转换问题，从而可以大大提高工作效率并降低出错率。

（1）PKPM基于BIM技术的建筑工程协同设计系统架构，如图3-2-1所示。

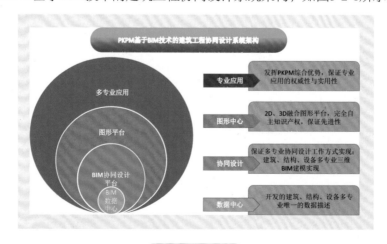

图 3-2-1

（2）PKPM通过核心三维数据模型，将建筑项目的各个环节连接起来，率先实现了信息数据化、数据模型化、模型通用化的BIM理念，进而实现了建筑模型数据在全寿命周期的充分利用。

（3）常用BIM软件及信息间交互，如图3-2-2所示。

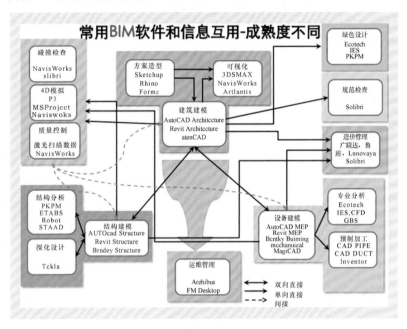

图 3-2-2

3.3　建筑设计模型与施工模型

住房和城乡建设部发布的《2011—2015年建筑业信息化发展纲要》（以下简称《纲要》）中，明确指出：在施工阶段开展BIM技术的研究与应用，推进BIM技术从设计阶段向施工阶段的应用延伸，降低信息传递过程中的衰减；研究基于BIM技术的4D项目管理信息系统在大型复杂工程施工过程中的应用，实现对建筑工程有效的可视化管理等。可以说，《纲要》的颁布，拉开了BIM技术在我国施工企业全面推进的序幕。

我国建筑业已有近十万亿的产值规模，但产业集中度仍然不高，信息化水平落后，建筑业生产效率更与国内其他行业、国外的建筑业有着较大的差距。我国建筑企业一直在提倡集约化、精细化，但缺乏信息化技术的支持，很难落实，BIM技术的出现给建筑企业精细化提供了可能。

建筑信息模型，首先要有模型，在施工阶段的模型建立方式有两种。一是从设计的三维模型直接导入施工阶段相关软件，实现设计阶段BIM模型的有效利用，无须重新建模，但是由于设计阶段的BIM软件与施工阶段的BIM软件不尽相同，需要数据接口的对接才能实现，现阶段国内的软件还无法完全实现。二是在施工阶段利用设计院提供的二维图纸重新建模，这是目前施工阶段应用BIM的现实情况，虽然是重复建模，但如果软件操作实用便捷，建模效率还是比较高的，即使重复建模需要一定成本投入，但BIM能够提供的价值是远超建模成本的。无论对于哪种方式，施工阶段与设计阶段的数据信息要求是不尽相同的。例如，施工阶段的钢筋数量与形式在设计阶段是没有的；施工阶段的单价、定额等信息是这个阶段特有的。因此，BIM从设计阶段到施工阶段的转化，本身就是一个动态的过程。随着项目的进展，数据信息将更加丰富、更加详尽，见表3-3-1。

表 3-3-1　工程施工 BIM 应用

工程施工 BIM 应用	工程施工 BIM 应用价值分析
1. 支持施工投标的 BIM 应用	（1）3D 施工工况展示； （2）4D 虚拟建造
2. 支持施工管理和工艺改进的单向功能 BIM 应用	（1）设计图纸审查和深化设计； （2）4D 虚拟建造，工程可能性模拟（样板对象）； （3）基于 BIM 的可视化技术讨论和简单协同； （4）施工方案论证、优化、展示以及技术交流； （5）工程量自动计算； （6）消除现场施工过程干扰或施工工艺冲突； （7）施工场地科学布置和管理； （8）有助于构配件预制生产、加工及安装
3. 支撑项目、企业和行业管理集成与提升的综合 BIM 应用	（1）4D 计划管理和进度监控； （2）施工方案验证和优化； （3）施工资源管理和协调； （4）施工预算和成本核算； （5）质量安全管理； （6）绿色施工； （7）总承包、分包管理协同工作平台； （8）施工企业服务功能和质量的拓展提升
4. 支撑基于模型的工程档案数字化和项目运维的 BIM 应用	（1）施工资料数字化管理； （2）工程数字化交付、验收和竣工资料数字化归档； （3）业主项目运维服务

广联达BIM5D（模型+进度+成本）应用总流程，如图3-3-1所示。

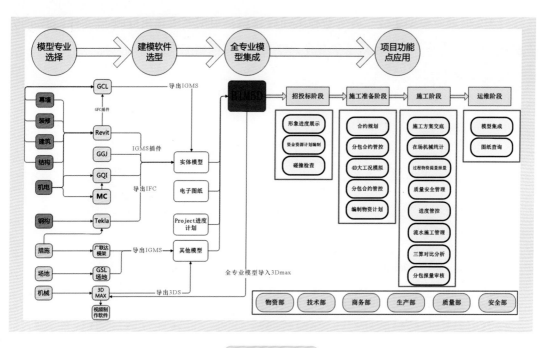

图 3-3-1

（1）模型专业选择。目前BIM所涉及的专业很多，如幕墙、装修、建筑、结构、机电、钢构、措施、场地、机械等。

在开展BIM应用之前，应当先理清自身的BIM需求，确定自身BIM应用需要哪些专业的模型数据。

（2）建模软件选择。当前市场上，BIM建模软件种类繁多，每款建模软件都有自身的特点。在确定了所需模型的专业之后，根据专业的不同选择相应的建模软件，如图3-3-2所示。

【注意】要按照建模规范进行建模，才能保证模型在传递过程中的完整性。

图 3-3-2

（3）全专业模型集成。各专业模型建好之后，根据要求导出5D集成文件，就可以在5D软件中进行全专业的BIM模型集成。模型集成路径如图3-3-3所示。

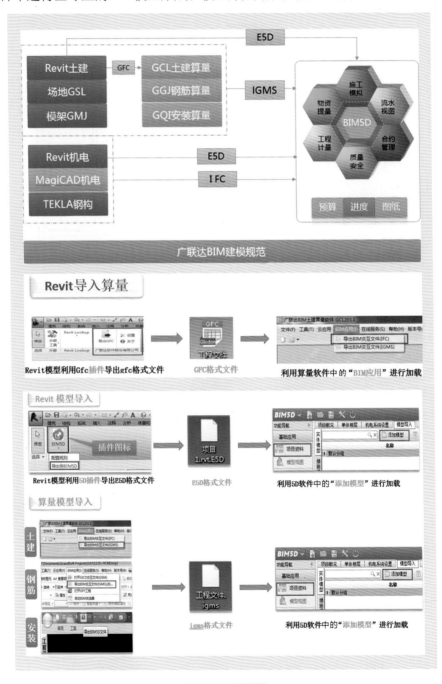

图 3-3-3

（4）BIM 5D应用如图3-3-4、图3-3-5所示。

➤ 数据集成

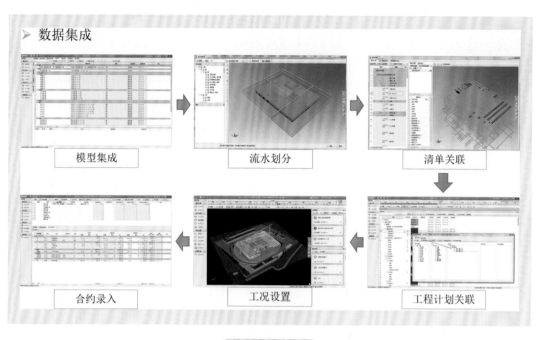

图 3-3-4

➤ 开展BIM应用

图 3-3-5

第 1 篇

第 2 篇

第 3 篇

3.4 本工程 BIM 技术应用情况简介

1. 软件配置情况

BIM建模及分析端如下：

（1）建筑。

1）Revit Architecture 2016；

2）Navisworks Manage 2016；

3）3D MAX 2014。

（2）结构。PKPM V2.2协同设计版（PKPM-PW）。

（3）钢筋、土建、安装计量及计价。

1）广联达BIM钢筋算量软件GGJ2013（V12.6.1.2158）；

2）广联达BIM土建算量软件GCL2013（V10.6.1.1325）；

3）广联达BIM安装算量软件GQI2015（V6.2.0.1905）；

4）广联达计价协同软件GBQ4.0（V4.200.21.5925）。

（4）施工组织设计。

1）广联达三维场地布置；

2）广联达梦龙网络计划编制系统；

3）广联达BIM5D。

（5）BIM系统客户端。

1）Autodesk bim360 Glue；

2）Autodesk bim360 Formlt。

2. 硬件配置情况

硬件配置情况见表3-4-1。

3. 项目概况介绍

枣庄科技职业学院图书馆：本工程总建筑面积为24 973 m^2、建筑占地面积为6 575 m^2。建筑层数：图书馆4层，教学楼6层，总建筑高度为23.7 m。设计使用年限：50年。结构类型：框架结构。抗震设防烈度：6度（乙类建筑）。建筑防火设计分类：多层建筑。耐火等级：一级。屋面防水等级：二级。防水层合理使用年限：15年。

表 3-4-1

项目	具体内容	配置标准	数量
项目办公室	投影仪	投影技术：3LCD；显示芯片：3×0.63 in[①] BrightEra 无机液晶面板；亮度：3 200 lm；标准分辨率：XGA(1 024×768)；光源类型：超高压汞灯；灯泡功率：210 W	1
	电子白板	150in 电动幕布	1
	视频系统	基于 PC 架构的软件视频通信	1
	音响系统	音箱：主音箱 2 只，超重低音音箱 2 只，辅助音箱 4 只，返听音箱 1 只；功放：2 台；话筒：4 只，无线 2 只；调音台：16 路；均衡器：2 台；电子分频器：1 台；效果器：1 台；声反馈抑制器：1 台	1
BIM 建模、分析电脑		操作系统 Windows ® 7 64 位 Professional edition；CPU4 核 i5 系列处理器；内存 8 GB RAM；40 GB 可用磁盘空间；显示器 1 680×1 050 真彩色；显卡 DirectX 10；Internet Explorer 7；MS 鼠标；Internet 连接，用于许可证注册和必备组件下载	4
BIM 客户端电脑		同"BIM 建模、分析电脑"	4
Pad		尺寸：12.2in；分辨率：2560×1600；主频：1.9GHz+1.3GHz；核心数：四核心	2
BIM 服务器		处理器：英特尔至强 5500 系列；内存：160GB DDR3，最大支持 192GB；适配器：双端口多功能千兆网络适配器；硬盘：1T 7.2K SAS 6G 2.5 双端口热插拔硬盘	1

本工程的特点、难点如下：

（1）工程特点分析。

1）建筑系统复杂：建筑的体量、高度、功能，在一定程度上增加了本工程的复杂程度。

2）参建单位众多：本工程设计有建筑、结构（土建、钢结构）、消防、空调、给排水、强弱电、幕墙等专业。施工分包队伍包括基础、结构、设备等专业。本工程涉及较多的设备、材料供应商。

3）图纸、资料量大：本工程的施工图、深化图、变更图众多；图纸送审跟踪难；图

① 1in（英寸）=0.025 4 m(米)。

纸检索难。

4）绿色建筑：2015年山东全面施行设计阶段所达到的绿色建筑指标。

（2）管理难点分析。

1）进度管理：进度编制难，进度跟踪难；配套工作管理难；作业面冲突频繁，现场协调难。

2）合同管理：合同信息分散，集中汇总难，查询难度大；合同数量大，时效条款多，缺乏预警提示，相关工作缺失，可能造成经济损失。

3）成本管控：事前预控少；成本分析工作量大；材料管控困难。

4）变更管理：内外变更、签证多，收入支出对比困难；变更计量工作量巨大，尤其是钢筋部分。

5）劳务管理：劳务队伍众多，人员分散。

4. 各专业模型展示

（1）本项目模型包括：

1）建筑、结构、给排水、消防设计模型。

2）钢筋、土建、安装计量计价模型。

3）施工组织设计模型。

具体如图3-4-1所示。

（2）建模方式介绍。

1）Revit Architecture 2016：进行建筑建模、日照分析。

2）3D MAX 2014：接a模型进行效果图渲染。

3）Navisworks Manage 2016：接a模型进行动画漫游。

4）PKPMV 2.2协同设计版：结构建模及分析，并导回Revit。

5）广联达BIM钢筋算量软件GGJ2013（V12.6.1.2158）；广联达BIM土建算量软件GCL2013（V10.6.1.1325）；广联达BIM安装算量软件GQI2015（V6.2.0.1905）；广联达计价协同软件GBQ4.0（V4.200.21.5925）。其接a、d模型文件生成及分析土建及安装计量、计价模型文件。

6）广联达梦龙网络计划编制系统、广联达BIM5D，接e模型文件编制项目的进度文件，并将进度与模型进行关联。

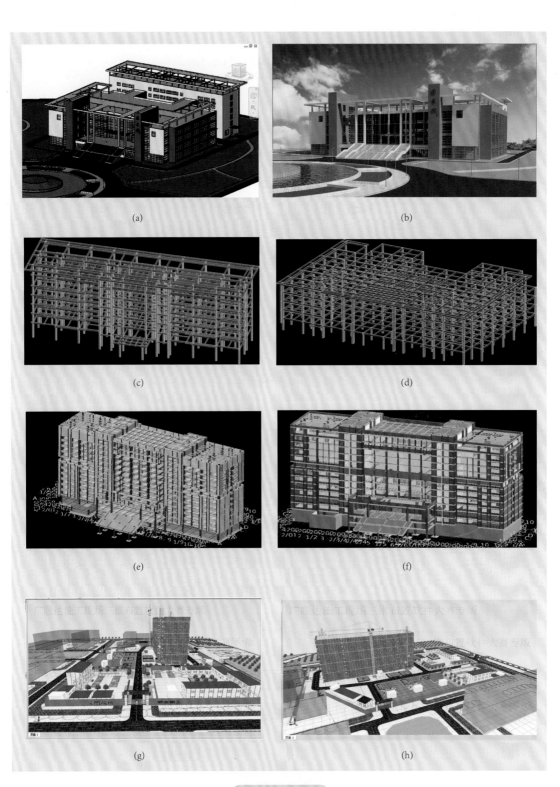

(a)

(b)

(c)

(d)

(e)

(f)

(g)

(h)

图 3-4-1

5. BIM 模型在建造阶段与其他软件的交互方法。

BIM模型在建造阶段与其他软件的交互方法如图3-4-2所示。

图 3-4-2

6. 各专业应用成果展示

（1）建立项目BIM应用流程如图3-4-3所示。

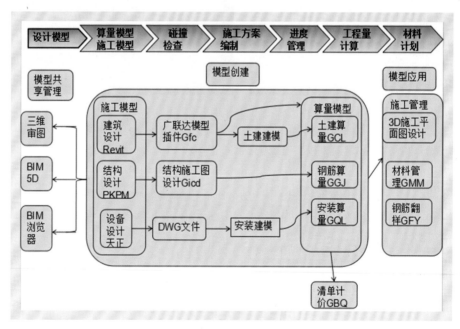

图 3-4-3

（2）设计图纸二次碰撞检查。利用BIM技术建立起来的模型能够直观地反映碰撞位置，同时，由于是三维可视化的模型，因此，在碰撞处可以实时变换角度进行全方位、多角度的观察，便于讨论修改，提高了工作效率。建筑及设备设计缺陷问题（BIM模型局部截图）如图3-4-4所示。

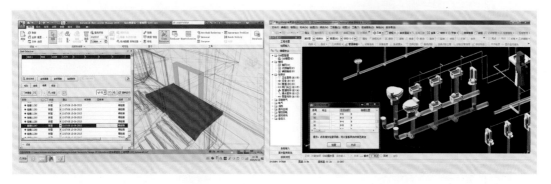

图 3-4-4

（3）BIM模型维护与变更经济分析。根据设计院回复的图纸会审结果对BIM模型进行修改维护。通过BIM模型进行变更维护，可快速分析出变更导致的工程数据的变化情况，为项目部开展相关工作提供数据支撑，如图3-4-5所示。

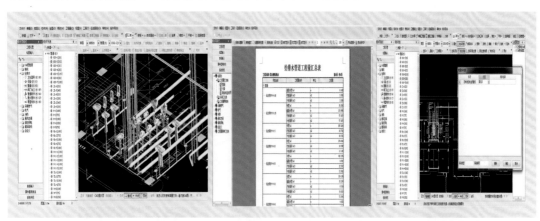

图 3-4-5

（4）现场质量、安全移动监测应用。通过移动端应用，现场的安全员、施工员可在施工现场随时随地拍摄现场安全防护、施工节点、现场施工做法或有疑问的照片，通过手机上传至PDS系统中，并与BIM模型的相应位置进行对应，形成现场缺陷资料库，如图3-4-6所示。

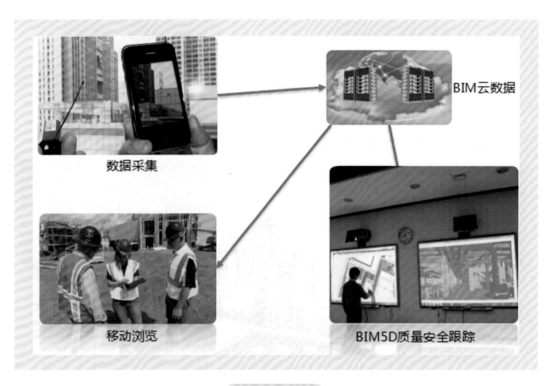

图 3-4-6

（5）基于BIM模型作可视化的施工指导、协助交底。用"施工现场三维布置软件"绘制该建筑在主体阶段的施工平面布置图，展现施工平面布置的合理性，如图3-4-7所示。

图 3-4-7

（6）通过剖切BIM模型生成二维施工图指导现场实际施工，如图3-4-8所示。

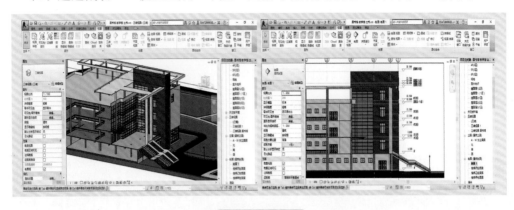

图 3-4-8

（7）设备与结构碰撞检查，如图3-4-9所示。

图 3-4-9

（8）空间虚拟漫游，指导施工人员提前了解建筑内、外部情况，如图3-4-10所示。

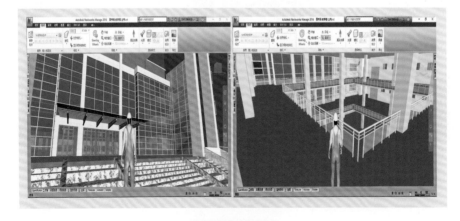

图 3-4-10

第 1 篇　　第 2 篇　　第 3 篇

133

7. BIM 的应用价值

（1）BIM在设计阶段的应用——建立模型。

1）完成建筑、结构、给排水、消防BIM建模。

2）基于可视化的BIM模型与设计师进行及时沟通，落实设计要求，如图3-4-11所示。

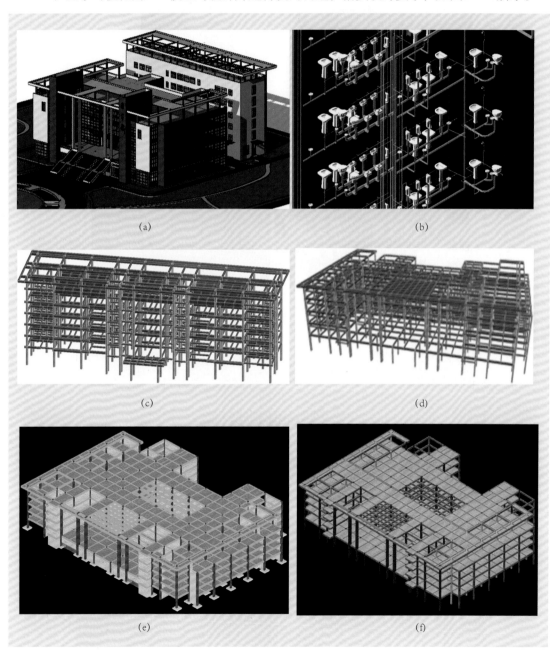

图 3-4-11

（2）BIM在设计阶段的应用——日照设计。

1）分析建筑阴影对周边建筑物的影响。

2）基于BIM技术的建筑生态性能分析，如图3-4-12所示。

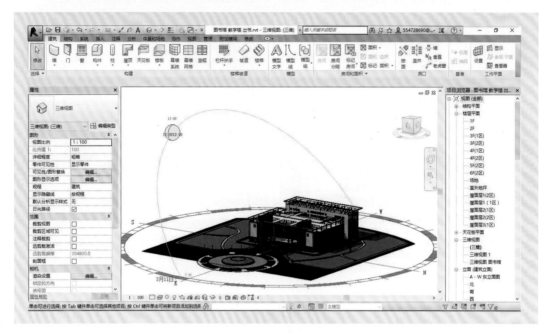

图 3-4-12

（3）BIM在施工阶段的应用——成本预算。其可有效支持工程算量和计价，省去造价人员理解图纸及在计算机中建模的工作，提高造价人员的工作效率，如图3-4-13所示。

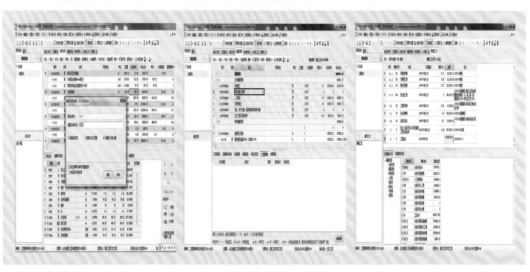

图 3-4-13

（4）BIM在施工阶段的应用——施工现场三维布置。将施工现场以三维模型的形式直观、动态地展现出来，如图3-4-14所示。

图 3-4-14

（5）BIM在施工阶段的应用——碰撞检查。可发现主要存在两种碰撞原因：建模不精确造成的碰撞和结构细节处理不合适造成的碰撞，如图3-4-15所示。

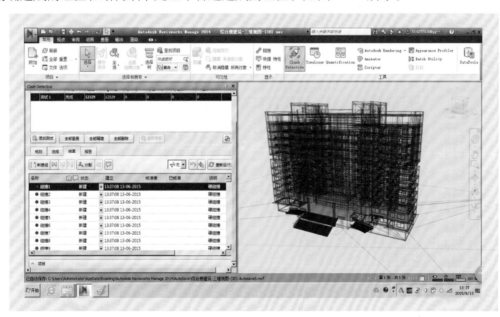

图 3-4-15

（6）BIM在施工阶段的应用——施工现场nD管理。对施工方案和计划进行预演，在视觉上比较竣工进度与预测进度，项目管理人员可避免进度疏漏，在软件的支持下，BIM模型还可用于管理成本、物流和消耗，如图3-4-16所示。

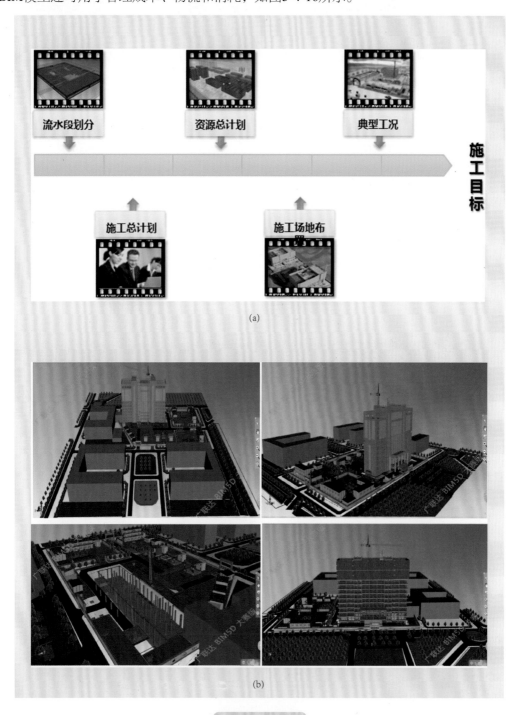

图 3-4-16

Refrence 参考文献

[1]葛文兰. BIM第二维度：项目不同参与方的BIM应用[M]. 北京：中国建筑工业出版社，2011.

[2]何关培. BIM总论[M]. 北京：中国建筑工业出版社，2011.